# 我家也是小餐館

中、西、日式經典家常菜150道

# 前言

自昭和39年在東京的世田谷區設立了小型料理教室以來，已經過了50個年頭。10年前搬到銀座之後，託大家的福，幾乎每天都在上課，全力工作著。長年來一直來這裡上課的學生也不在少數，對於這點我心存感激。

這50年來我所傳授的食譜數量超過1000種，在這本書中挑出了總共150道很受學生喜愛，希望可以傳授給大家，同時也是我自己很喜歡的食譜。日本的家常菜中除了日本料理之外，中華料理以及西式料理也是不可或缺的。因此在本書中將日本料理、西式料理、中華料理分成三大章節，分別介紹人氣菜色、經典菜色、宴客菜色等等。在每一章節最前面的「教室人氣排行前五名食譜」中介紹了詳細的步驟圖片，希望大家以這個為中心，搭配主食、配菜、湯品等，享用豐盛的每一餐。

日本料理是日本人「食」的基本。使用昆布與來自鰹魚的柴魚高湯所做成的燉煮料理，和可以快速做好的燒烤菜色，是任何人都喜歡的。尤其在「BEST 5」中介紹的都是家常菜料理的代表作。詳細地記載了作法，就算是初學者應該也可以順利地調理。近年漸漸被忽略的燉魚，很適合配飯，作法又簡單，只要有魚跟調味料就可以完成，希望大家一定要學起來。

西式料理在年輕人之間特別受歡迎。除了傳統的西式料理店會有的漢堡排以及沙拉之外，聽說最近也有人會在家裡製作簡單的法式或義式料理。因此在150道食譜中也加入了義大利麵、番茄燉菜、普羅旺斯燴蔬菜。

中華料理是我最喜歡的類型。學生們的評價也很好，真的很想再追加更多的菜色。因為可以吃到很多青菜，請一定要多多嘗試。

我所傳授的是一般的家常菜。雖然為了要讓家人美味享用，外觀也很重要，但在這裡省去了繁複的手續以及花錢的裝飾。日本料理的高湯也是，在評估了多次之後，最後得到的結論是一次把材料全部放進水中再取高湯的方法，比專業的手法簡單許多。

不過，不能偷懶的地方也還是有的。先把青菜燙過比較容易煮入味、充分拌炒絞肉去除腥味等等，會影響到風味的步驟請不要省略。另外，跟日本料理的高湯不同，中華風的湯品是比較花時間的。平常可以使用市售的雞湯塊沒關係，不過也希望可以讓大家瞭解由雞骨熬煮出來的高湯滋味。

親手製作包含心意的料理可以讓家人幸福。家常菜絕對不是困難的東西，希望各位可以感受到製作時的快樂以及家人說出好吃時的幸福感。

田中伶子料理學校代表人　田中伶子

目錄

# 日本料理

## BEST 5



## 經典料理



## 燒烤・油炸



## 飯類



## 涼拌菜



## 宴客菜



## 年菜

# 西式料理

## BEST 5



## 經典料理



## 義大利麵



## 沙拉



## 宴客菜



## column

# 中華料理

## BEST 5



## 經典料理



## 宴客菜



- 本書的食譜是以2人份為主，但在〈宴客料理〉的部分則是4人份或者是容易做出的分量。
- 本書使用的計量單位1小匙為5㎖，1大匙為15㎖，1杯為200㎖。用來量米的杯子則是使用1杯＝180㎖的量杯。
- 微波爐使用的是600瓦的機種，如果家裡的是500瓦的話，就把加熱時間加到1.2倍為基準。因為機種或是使用年限的關係多少會出現一些差距，視狀況調整熱度。
- 薑一小片、蒜一瓣的基準大概是大拇指前端的大小。
- 橄欖油使用的是初榨橄欖油。
- 日式、中式、西式的高湯煮法在第97頁，使用市售高湯粉的時候，請參考外包裝上的說明做調整。

# 蔬菜的切法

不同切法會讓煮熟的程度有所差別，口感也不一樣。了解各種食材相對應的切法，將食材的美味凸顯出來吧。

## 切半月形

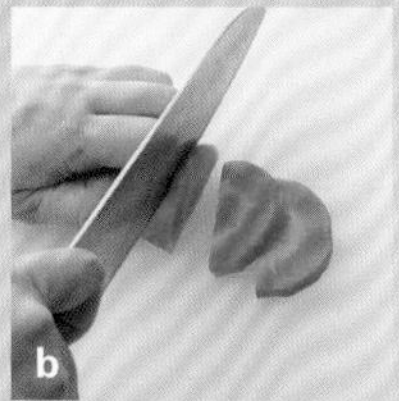


將輪片狀再對切一半的形狀。將條狀的蔬菜先縱切一半之後，再從最旁邊開始切。

## 切細末

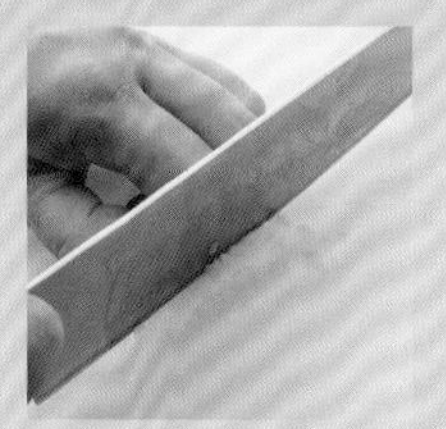

將切成細絲的食材排在一起，再從最旁邊開始切碎。切粗末的時候大小比細末再大一點。

## 切輪片狀

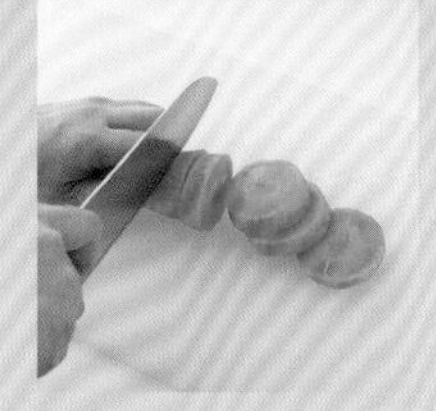

將條狀或是球狀的青菜從最旁邊開始切成一樣的厚度。如紅蘿蔔、白蘿蔔、番茄、馬鈴薯等等。厚度的部分請依不同料理來做調整。

## 切短片狀

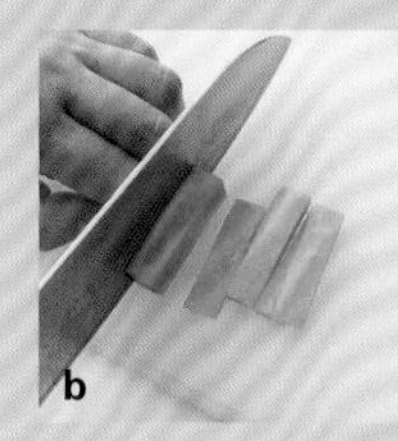


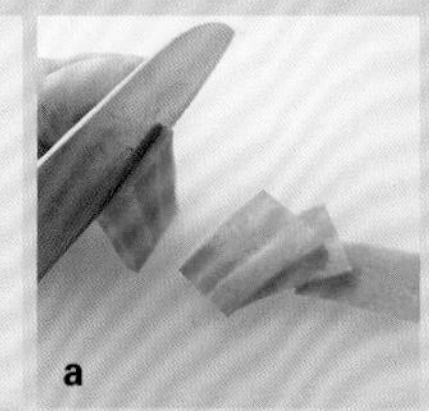


薄切成長方形的形狀。切成4～5cm長之後再切成1cm左右的薄片。將蔬菜放橫之後再從最旁邊開始切。

## 切薄片狀

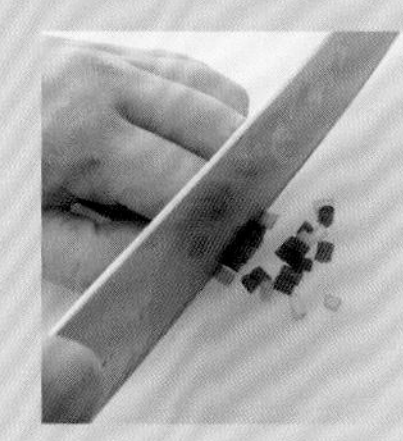

將青蔥或小黃瓜等細長的蔬菜從最旁邊開始切成薄薄的輪片狀。

## 切銀杏形

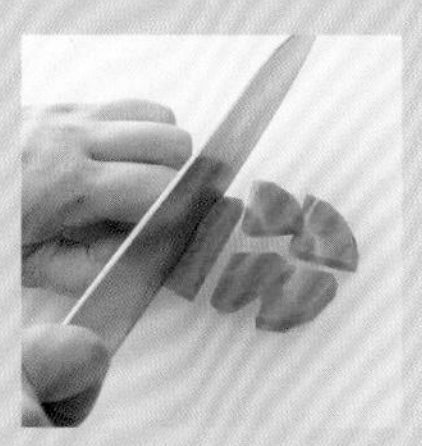

將半月形再切一半的形狀。將條狀的蔬菜縱切一半之後再切一半，從最旁邊開始切。

## 切絲

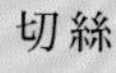

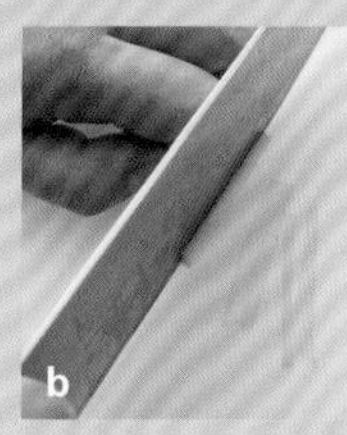


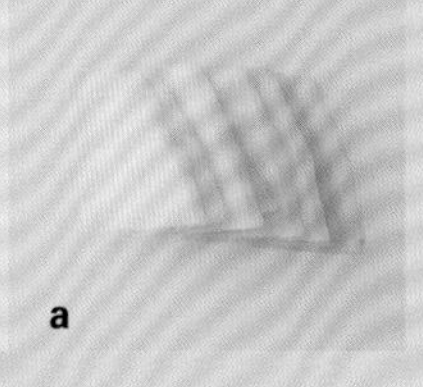


將切成薄片的蔬菜疊在一起，從最旁邊開始切成1～2mm寬。比切成細條狀還要再更細一些。

## 斜切

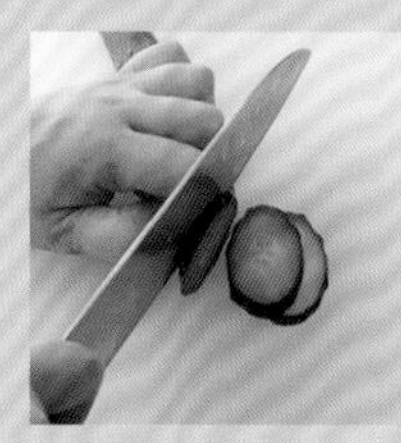

將細長形的蔬菜從最旁邊開始斜斜地切，切口會呈現長長的橢圓形。就算是小的蔬菜也可以靠這方法製造出大的切面。

## 切滾刀塊

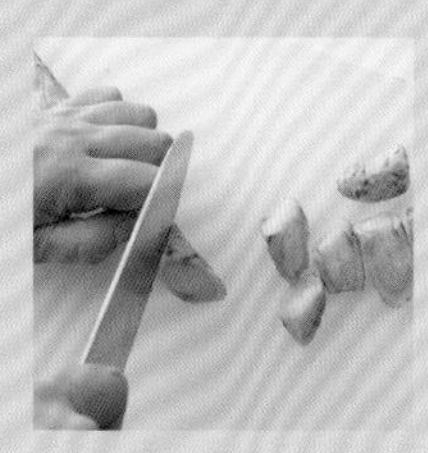

一開始先從最旁邊開始斜切，之後一邊轉動蔬菜，一邊斜切。可以使蔬菜的表面積增加，加快煮熟的速度。

## 切丁

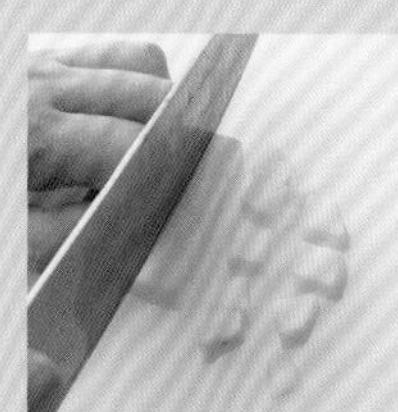

先從最旁邊切成4～5cm長，1cm寬。轉90度之後再切成1cm寬左右。

# 落蓋的製作方式

利用烘焙紙來製作落蓋。有時間的話，可以依照鍋子的尺寸先多做幾個備用就很方便。

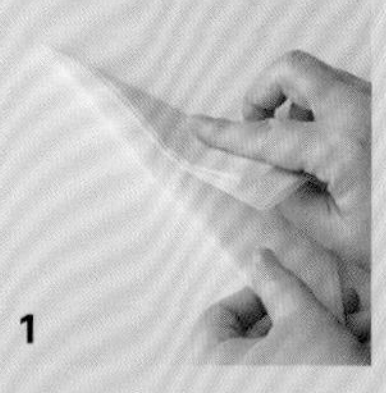


將烘焙紙剪出一個比鍋子直徑稍微大一點的圓形。對折一半之後再對折。以圓心為基點折出45度角之後，再次對折。

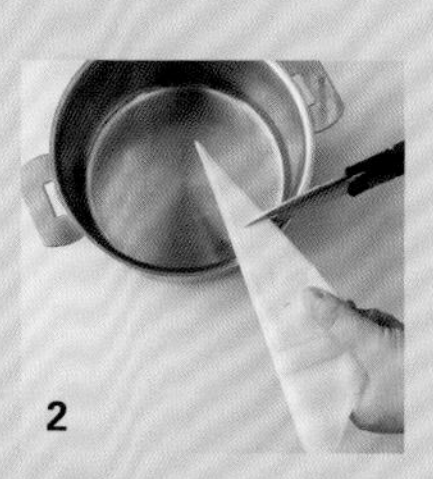


邊緣剪掉一部分，讓落蓋長度大約是比從鍋子中心到半徑再小一些的尺寸。

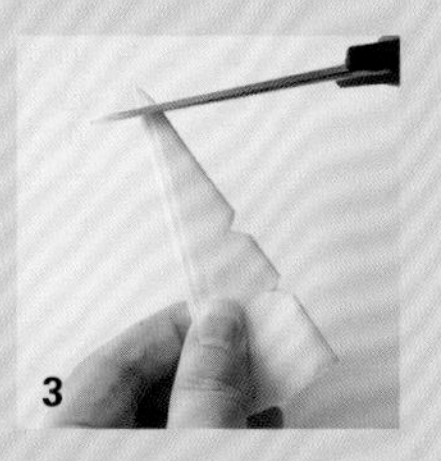


在較長邊的部分剪兩個缺口，再把前端剪掉。

打開之後就是落蓋的形狀。

# 日本料理

日本料理讓人吃一輩子都不會膩。不管是讓人感到溫暖的懷念味道、還是在慶祝的日子吃的料理，好多食譜都希望大家可以記下來。在人氣BEST5中仔細介紹了平常吃的和風家常菜。另外也網羅了燉煮、燒烤、油炸、飯類以及家庭料理。在宴客菜章節中的料理，是不管端出來招待誰都不會失禮的正統菜色。搭配年菜料理學起來之後一定會有所幫助的。容易使人敬而遠之的燉魚，其實有些是用平底鍋就能完成的，材料也很少，試著做看看，意外的簡單又美味，可以藉此重新認識日本料理的美味之處喔。

日本料理 BEST 5

# 馬鈴薯燉肉

甜鹹味道很下飯的基本配菜。肉的甜味滲透到蔬菜之中。

## 菜單規劃的重點

馬鈴薯燉肉本身有很多蔬菜。只要再加上湯品就能完成一餐的菜單。簡單的蛋花湯或者是有鴨兒芹的清湯等等，推薦搭配味道比較清淡的湯品。

**材料／2人份**

牛肉片　140g
馬鈴薯　中型2個
紅蘿蔔　1/2根
洋蔥　1/2個
蒟蒻絲　100g
豌豆莢（去掉筋用鹽水汆燙）　6片
芝麻油　2小匙
高湯　1杯
砂糖　2大匙
味醂　1大匙
醬油　2大匙

### 1 把材料切好

把牛肉切成一口大小，馬鈴薯也切一口大小之後泡水5分鐘。紅蘿蔔切3cm的滾刀塊。洋蔥切成2cm的片狀。

### 2 汆蒟蒻絲

將蒟蒻絲事先汆燙2～3分鐘之後，切成5cm長。

### 3 拌炒材料

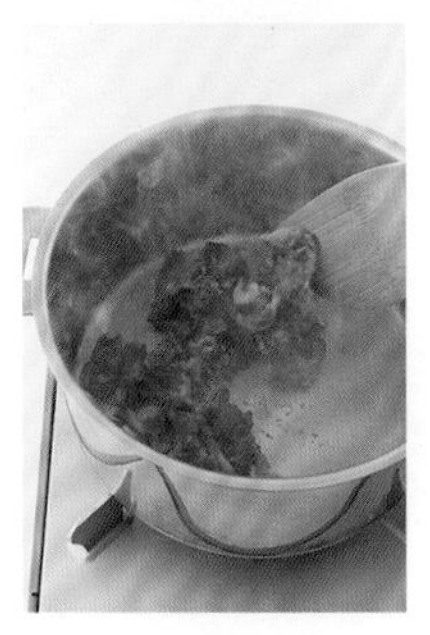

把芝麻油倒進鍋中後加熱，放入牛肉拌炒直到變色。再把馬鈴薯、紅蘿蔔、洋蔥倒入鍋中用小火炒到表面有點變透明的樣子，之後加入蒟蒻絲。

### 4 加入高湯

用湯勺撈掉浮沫，再倒掉碗中的水

加入高湯後煮沸。撈掉浮沫，用中火燉煮。

### 5 蓋上落蓋之後燉煮

蓋上落蓋之後，湯汁就算只有一點點也可以浸透到全部

將砂糖與味醂加進去煮3分鐘之後加醬油。蓋上落蓋（參考P7）之後用稍弱的中火燉煮15分鐘。湯汁收到只剩一點點的時候就完成了。裝盤後把豌豆莢撒在上面。

利用醬油、薑等等充分醃漬，
讓雞肉入味。
要炸出酥脆感
是需要祕訣的。

**材料／2人份**

雞腿肉　200g

A　酒．醬油　各2/3大匙
　　薑（磨泥）　1大匙
　　砂糖　1/2小匙
　　鹽　1/3小匙
　　胡椒　少許

太白粉　適量

油炸用油　適量

生菜　適量

### 菜單規劃的重點

醋拌小黃瓜與魩仔魚（P47），或是醋漬紅白蘿蔔絲等利用醋當調味的蔬菜，很適合拿來當成配菜。因為炸雞這道主菜沒有蔬菜，所以配菜的量可以多添加一些。

**1 把雞肉切塊**

把雞肉斜切成2cm厚的一口大小。

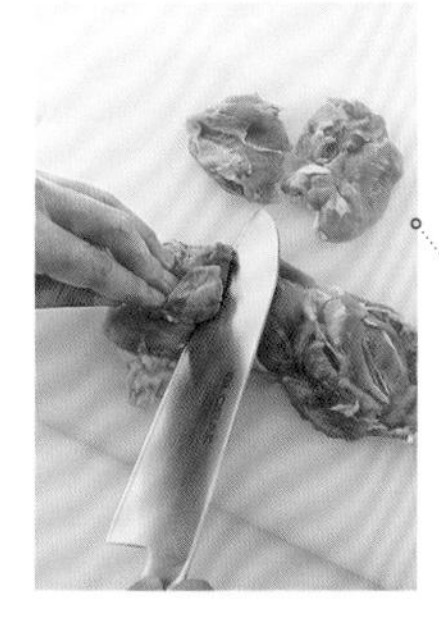

為了讓雞肉確實熟透，把菜刀橫擺之後斜斜地薄切雞肉。

**2 醃漬入味**

雞肉放入混合好的A，用手搓揉，靜置10分鐘。

**3 裹上太白粉**

用廚房紙巾擦拭掉多餘的汁液後，沾裹上2大匙的太白粉。

**4 加熱油炸用油**

將油炸用油加熱到170℃。把乾的長筷放進油中，如果有細小的泡泡冒出來就表示油溫夠了。

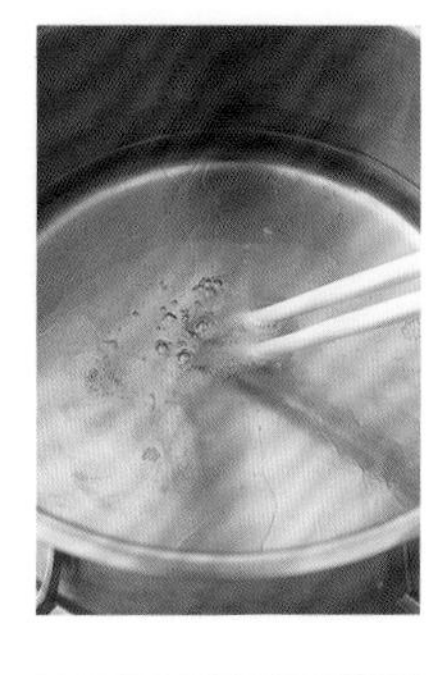

**5 再次裹粉**

油炸之前再一次將1大匙的太白粉薄薄地裹上去。

沾裹兩次太白粉可以讓雞肉炸好後更加酥脆。

**6 油炸雞肉**

把雞肉放進加熱到170℃的油炸用油裡，炸4～5分鐘。炸好之後取出，放在大盤上瀝乾油之後，連同生菜一起裝盤。

# 薑燒豬肉

醃漬的時間只需五分鐘。
最後把醃料
跟肉一起煎，
味道便可確實滲透進去。

## 菜單規劃的重點

因為旁邊有高麗菜絲以及番茄等蔬菜，所以配菜可以不用選擇蔬菜類。只要有加入豆腐跟海帶等材料的味噌湯就夠了。

**材料／2人份**

豬里肌肉（薑燒用）　4片
A　醬油・酒・味醂　各1又1/2大匙
　　薑（磨泥）　1大匙
沙拉油　2小匙
高麗菜（切絲）　適量
紫洋蔥（切絲）　適量
小番茄　適量

切成薄片的肉煮起來會太乾，所以使用厚3㎜專門用來薑燒的肉。



**1 把筋切斷**

在肥肉與瘦肉的交界處，用刀子劃上三道刀痕左右（把筋切斷）。

事先把筋挑斷，在煎的時候才不會往內縮

**2 浸泡在醃料中**

把A混合好之後，讓豬肉醃漬5分鐘。

醃太久味道會太重

**3 把醬汁擦掉**

用廚房紙巾把**2**的豬肉上的汁液擦掉。醃豬肉的醬汁先留下來。

把醬汁留下，在最後倒入鍋中混合

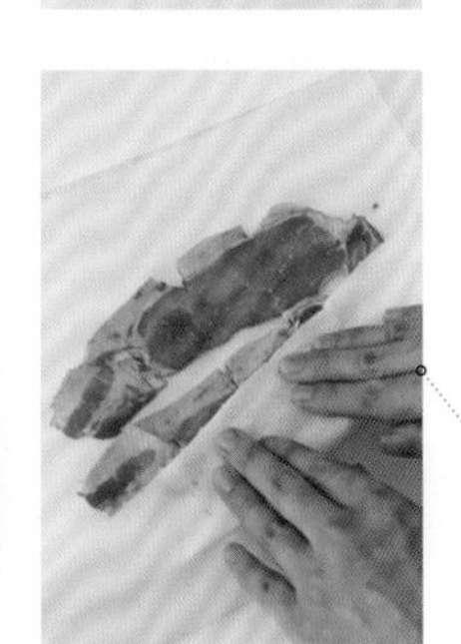

**4 煎豬肉**

在平底鍋中倒入沙拉油，用中火加熱之後，把豬肉放進去煎大約2分鐘，直到出現焦色之後翻面同樣煎到出現色澤。

**5 加入醬汁**

將剩下的醬汁倒入鍋子中。

**6 一邊混合一邊煎**

一邊攪拌讓醬汁都沾裹到豬肉，再煎約2分鐘。煎好之後盛盤，把高麗菜絲、洋蔥絲、小番茄裝飾在旁邊。

# 燉煮鰈魚

準備兩人份的時候，建議使用比鍋子口徑再大一些的平底鍋來燉煮。

**材料／2人份**

鰈魚（切片） 2片
鹽 1小匙
A 酒 80ml
水 1杯
醬油 3大匙
味醂 2大匙
砂糖 1又1/2大匙
薑（切絲） 少許

## 菜單規劃的重點

搭配油豆腐煨小松菜（P46），和芝麻涼拌四季豆（P47）等等不需要花太多時間的配菜，來補充蔬菜吧。再加上味噌湯等湯品的話，就是一組完美的料理了。

### 1 去除黏液

將鰈魚撒上鹽巴。利用菜刀的刀尖或是保特瓶的蓋子等等，從尾巴往頭的方向把魚鱗跟黏液刮除。反面也是用一樣的方式去除黏液跟魚鱗。用水沖乾淨之後把水擦乾。

### 2 劃出刀痕

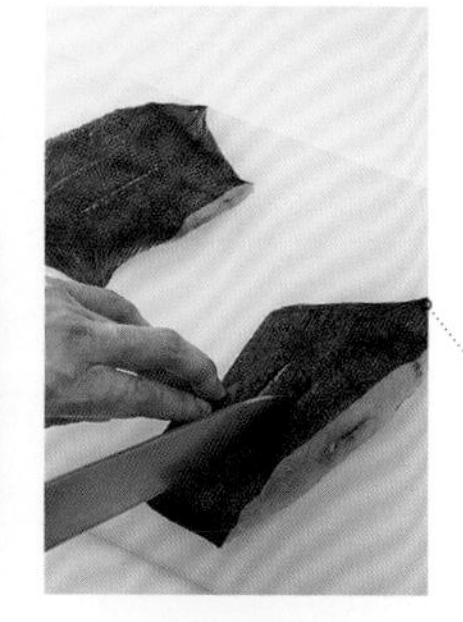

有咖啡色皮的那一面是表面

在兩面各劃兩條刀痕，刀痕不可以太淺，菜刀劃下去的時候深度必需要抵到骨頭。

### 3 把醬汁跟鰈魚放入鍋子

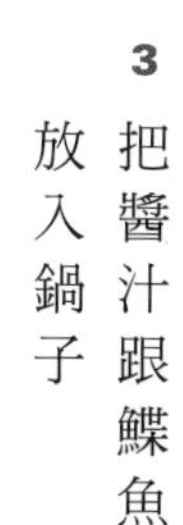

將A倒入平底鍋中大致混合，再把鰈魚的表面朝上排放在鍋子中。

### 4 蓋上落蓋燉煮

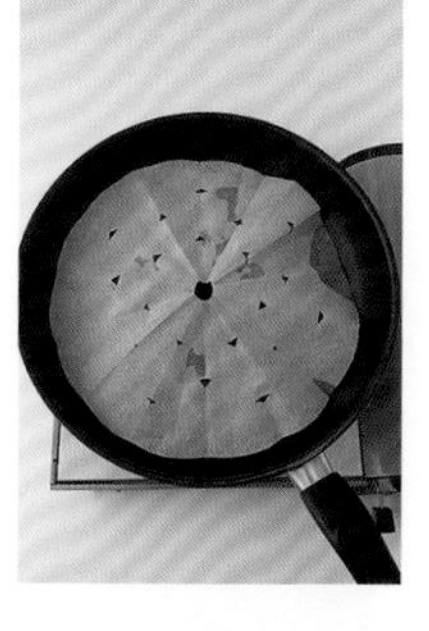

蓋上落蓋（參考P7），用中火燉煮7～8分鐘。

### 5 淋上醬汁

取下落蓋，一邊用湯匙把剩下的醬汁舀起來淋在鰈魚上，一邊再燉煮約3分鐘。裝盤後再擺上薑絲。

因為魚皮會破掉，所以在煮的過程不翻面

# 金平牛蒡

就算只加了一點點雞肉，
還是會增加美味程度。
快速炒過
留下爽脆口感。

## 材料／2人份

牛蒡　1根
紅蘿蔔　1/2根
雞腿肉　50g
紅辣椒　1根
白芝麻　1小匙

A　砂糖・味醂　各1大匙
　　醬油　大約2大匙
芝麻油　2小匙

帶土的牛蒡可以放比較久，風味也比較濃厚

雞肉如果使用100g就可以當做一道主菜

## 菜單規劃的重點

當作配菜的金平牛蒡有著清脆口感，推薦搭配魚肉等主菜。跟味噌煮鯖魚（P25）或薑汁風味沙丁魚（P27）等等的主菜很相配。

日本料理

牛蒡的風味都在皮上，所以不要削掉太多

### 1 把材料切好

把牛蒡上的泥土徹底清洗乾淨，用菜刀的刀背刮除牛蒡皮。切成5cm長的細絲之後泡水5分鐘。紅蘿蔔也切成5cm長的細絲。雞肉則切成5cm的細條。

### 2 切辣椒

紅辣椒用溫水泡發之後摘除蒂頭，把種子取出，切成薄片狀。在小的容器中把A攪拌均勻。

### 3 拌炒雞肉

把平底鍋加熱之後倒入芝麻油，用中火拌炒雞肉直到變色。

### 4 加入蔬菜拌炒

把牛蒡、紅蘿蔔按照順序倒入鍋中一起拌炒。

### 5 加入調味料

繼續拌炒3分鐘左右，直到全體稍微變軟之後，把A以及紅辣椒加入以中火拌炒。

### 6 收乾湯汁

炒到湯汁幾乎都收乾之後就完成了，裝盤撒上芝麻。

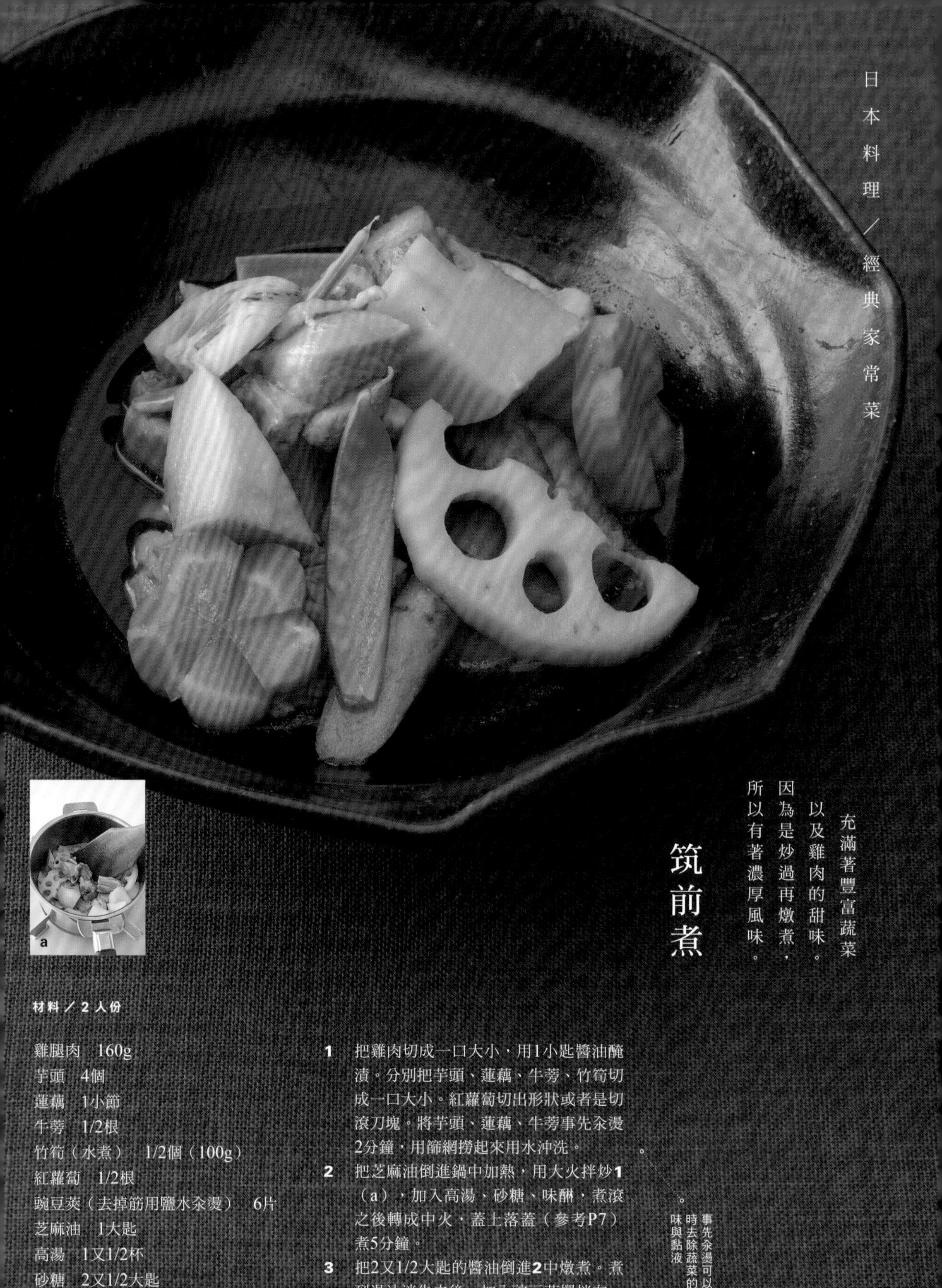

# 筑前煮

充滿著豐富蔬菜以及雞肉的甜味。因為是炒過再燉煮，所以有著濃厚風味。

**材料／2人份**

雞腿肉　160g
芋頭　4個
蓮藕　1小節
牛蒡　1/2根
竹筍（水煮）　1/2個（100g）
紅蘿蔔　1/2根
豌豆莢（去掉筋用鹽水汆燙）　6片
芝麻油　1大匙
高湯　1又1/2杯
砂糖　2又1/2大匙
醬油　適量
味醂　1又1/2大匙

1　把雞肉切成一口大小，用1小匙醬油醃漬。分別把芋頭、蓮藕、牛蒡、竹筍切成一口大小。紅蘿蔔切出形狀或者是切滾刀塊。將芋頭、蓮藕、牛蒡事先汆燙2分鐘，用篩網撈起來用水沖洗。
2　把芝麻油倒進鍋中加熱，用大火拌炒**1**（a），加入高湯、砂糖、味醂，煮滾之後轉成中火，蓋上落蓋（參考P7）煮5分鐘。
3　把2又1/2大匙的醬油倒進**2**中燉煮。煮到湯汁消失之後，加入豌豆莢攪拌在一起。

事先汆燙可以同時去除蔬菜的苦味與黏液。

## 肉豆腐

都是容易熟的食材，所以是緊急時候可以派上用場的便利菜色。

**材料／2人份**

木棉豆腐　3/4塊（200g）
牛肉片　160g
蔥　1/2根
獅子辣椒　6根
醬汁｜砂糖・酒・醬油　各2大匙
　　｜高湯　1/2杯

1. 豆腐切成8等分，把大片的牛肉片切成一口大小。蔥切成3cm左右長度。獅子辣椒摘掉蒂頭之後，劃上一道刀痕。
2. 把醬汁的材料倒進鍋中開火，煮滾後把豆腐、蔥、獅子辣椒放進去，用中火煮3～4分鐘，再加入牛肉煮4分鐘。

要小心牛肉煮太久會變硬

## 金目鯛煮茄子

可以沾著豐富的醬汁享用的料理。用石狗公煮也很美味。

**材料／2人份**

金目鯛　2片（200g）
茄子　1條
薑　1片
A｜酒・水　各4大匙
　｜醬油・味醂　各2大匙
　｜砂糖　2/3大匙

1. 在金目鯛的皮上面劃十字刀痕。將茄子縱切一半之後，在皮上斜劃約5～7mm間隔的格子狀刀痕，再切一半，泡水5分鐘。薑不用去皮直接切成薄片。
2. 將A倒進鍋中後開火，煮滾後把金目鯛、茄子、薑排放進去。蓋上落蓋（參考P7）用中火煮7～8分鐘。裝盤，淋上醬汁。

# 蝦子燉煮凍豆腐

這道燉菜有著日本料理獨有的溫柔味道。凍豆腐也可以使用不需要泡發的產品。

**材料／2人份**

凍豆腐　3片
蝦子　4尾
甜豆（去掉筋用鹽水汆燙）　4根
醬汁｜高湯　2杯
　　　砂糖　2大匙
　　　味醂　1又1/2大匙
　　　淡味醬油　1大匙

1. 將凍豆腐泡在溫水中約20分鐘泡發，直到中間凍硬的部分變軟。再用水沖到沒有混濁的水流出來，然後用兩手夾住把水擠乾（a），切成兩塊。蝦子剔除腸泥。
2. 把凍豆腐放進已經倒入煮汁的鍋中，蓋上落蓋之後用中火煮15分鐘（參考P7）。
3. 加入蝦子再煮3分鐘後關火。把蝦殼剝掉，跟其他材料一起裝進容器中，也放入甜豆。

為了讓湯汁徹底滲透進去，要確實把水擠乾。

## 辣煮蓮藕雞翅

把雞翅煎煮成焦糖色，更添一層濃郁風味。

**材料／2人份**

雞翅膀中段　6根
蓮藕　200g
紅辣椒　2根
白芝麻粒　適量
芝麻油　1大匙
A｜高湯　1杯
｜醬油　2大匙
｜砂糖・酒　各1大匙

1. 沿著骨頭在雞翅膀內側劃刀痕。把蓮藕去皮之後切滾刀塊。紅辣椒把蒂頭跟籽去掉。
2. 把芝麻油倒入鍋中用中火加熱，將雞翅放進去煎，煎到表面有焦黃色澤後，加入蓮藕跟紅辣椒拌炒2～3分鐘。
3. 加入A之後蓋上落蓋（參考P7），用中火煮到湯汁收乾為止。裝盤，撒上白芝麻。

## 蘿蔔煮鰤魚

雖然在此是用下巴製作，但用切片也是可以的。煮成焦糖色的白蘿蔔也很美味。

**材料／2人份**

鰤魚（下巴）　200g
白蘿蔔　1/4根
薑（切絲）　適量
A｜高湯　1又1/2杯
｜醬油　2又1/2大匙
｜味醂・酒・砂糖　各2大匙
小松菜（用鹽水汆燙）　2株

1. 將鰤魚切成4塊，放在竹簍上順時鐘淋上熱水再浸到冰水中（霜降法）。
2. 將白蘿蔔切成2cm厚的半月形，用洗米水事先汆燙20分鐘。薑絲泡過水後擠乾水分。
3. 把A放進鍋中煮滾之後再加入鰤魚、白蘿蔔。再次煮滾之後轉小火蓋上落蓋（參考P7）再煮30分鐘。裝盤後，把切成方便入口大小的小松菜以及薑絲放上去。

## 雞肉治部煮

本該是用鴨肉所做成，
日本加賀的代表料理。
裹上雞肉的粉
可以煮出稠度。

**材料／2人份**

雞腿肉　180g
麩（板麩・車麩等等）　6片
秋葵　2根

A｜酒・醬油　各1小匙

B｜高湯　1杯
　 酒　1大匙
　 味醂　1/2大匙
　 醬油　2小匙

麵粉　1大匙
山葵泥　適量

1. 將雞肉切成厚5mm×5cm的正方形，用A醃漬入味。麩用濕布包5分鐘左右，使之回復原狀。用鹽巴搓揉秋葵去除細毛，摘掉蒂頭切成兩半。
2. 將B放進鍋子中煮滾，雞肉一塊一塊裹上麵粉之後放進鍋中，再放入麩，用較弱的中火煮7～8分鐘。
3. 加入秋葵再煮1分鐘。裝盤後把山葵泥放到旁邊。

## 芋頭煮日本魷

很下飯的好味道。
芋頭表面黏黏的，
所以等乾了之後
再削皮。

**材料／2人份**

日本魷　小型1隻
芋頭　4個

A｜高湯　2又1/2杯
　 酒　1大匙
　 砂糖　1又1/2大匙
　 醬油　2又1/2大匙
　 鹽　少許

柚子皮　少許

1. 分開日本魷的身體與腳連接的部分，拔除整個內臟。再把身體內的軟骨拔掉，皮剝掉後切成輪圈狀（參考P97）。芋頭連皮用水清洗，乾了之後縱向把皮削除，再縱切一半。
2. 在鍋中煮沸熱水之後放入日本魷與芋頭汆燙2分鐘，再用網子撈起來。
3. 快速清洗鍋子後把A倒進去煮滾，加入日本魷與芋頭。蓋上落蓋（參考P7）用中火煮25分鐘。裝盤，放上柚子皮。

# 竹筍海帶煮

竹筍可以選擇水煮過的，
不過推薦的是，
滋味豐富又柔軟的
日本產竹筍。

**材料／2人份**

竹筍（水煮）　200g
海帶（鹽漬）　60g
A｜酒・砂糖・淡味醬油
　各1又1/2大匙
柴魚片　15g
山椒芽　適量

1. 竹筍底部先橫切1cm厚左右，再把筍尖切成4等分。用清水把海帶的鹽分洗掉，切成一口大小。
2. 在鍋中放入柴魚片與兩杯水後開火，煮滾之前大力攪拌，然後關火。
3. 在鍋中放入A、**2**跟竹筍用中火煮15分鐘。再加入海帶稍微煮一下之後關火，讓味道滲進去。裝盤，放上山椒芽。

# 鯖魚味噌煮

利用霜降法把鯖魚的
腥味去除之後，
成品也更加美味。

**材料／2人份**

鯖魚　2片
薑（切薄片）　1小片
酒　1大匙
鹽　1/3小匙
砂糖　1又1/2大匙
味噌　3大匙

1. 將鯖魚放在篩網上順時鐘淋上熱水，再浸泡冰水（霜降法）。
2. 將酒、鹽巴、1又1/2杯水、薑放入鍋中，再把鯖魚排放進去，用中火煮3分鐘左右。
3. 加入砂糖、味噌之後蓋上落蓋（參考P7），再煮10分鐘。裝盤後，淋上醬汁並放上薑片。

# 茶碗蒸

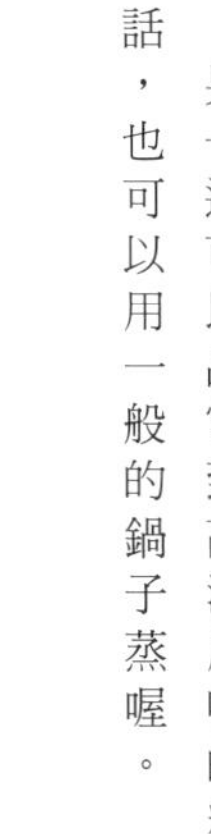

除了湯品之外，另一道可以品嘗到高湯風味的料理。

如果有蒸盤的話，也可以用一般的鍋子蒸喔。

**材料／2人份**

蝦子　4尾
雞胸肉　1條
乾香菇　2片
鴨兒芹　4根
魚板（薄片）　2片
蛋　1個（50g）
鹽・酒　各少許
A　高湯　1杯
　淡味醬油・味醂　各1小匙

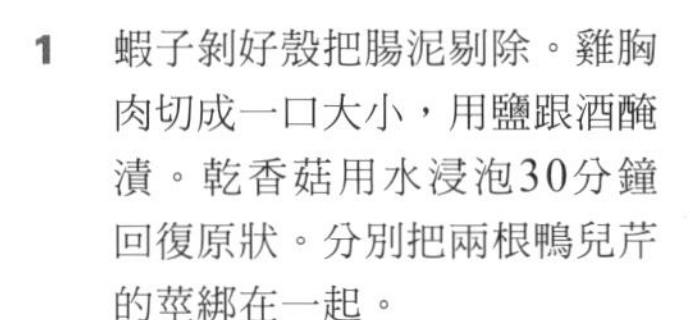

1　蝦子剝好殼把腸泥剔除。雞胸肉切成一口大小，用鹽跟酒醃漬。乾香菇用水浸泡30分鐘回復原狀。分別把兩根鴨兒芹的莖綁在一起。

2　把蛋打散之後加入A，再用篩網過濾（a）。

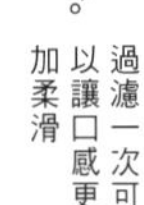

過濾一次可以讓口感更加柔滑

3　把蝦子、雞胸肉、香菇、魚板放到碗中，再注入**2**的蛋液。

4　把蒸鍋下的熱水煮滾之後，將碗放入蒸鍋中，蓋上蓋子用大火蒸3分鐘。

5　打開蓋子觀察，如果蛋開始變白凝固（b）就轉小火，再蒸15分鐘。用竹籤刺下去，如果流出清澈湯汁的話就完成了。最後放上鴨兒芹。

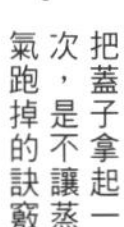

把蓋子拿起一次，是不讓蒸氣跑掉的訣竅

## 薑汁風味沙丁魚

加入醋一起滷煮
可以去除腥臭味。
沒有廣口的鍋子的話，
可以用平底鍋來燉煮。

**材料／2人份**

沙丁魚　2尾
薑（切絲）　1小片
A｜酒・味醂・醋・醬油
　　各2大匙
　｜砂糖　1大匙
　｜水　3/4杯
蔥（切粗段）　4段

1. 將沙丁魚的頭和內臟去除，用水清洗，把水分擦乾。
2. 把A倒入鍋中煮滾，加入**1**與薑片，蓋上落蓋（參考P7）用較弱的中火煮20分鐘。裝盤後再放上用烤網烤過的蔥段。

## 碎肉冬瓜

在點火之前
把雞絞肉
充分地攪散。
柔軟的冬瓜
滋味絕妙。

**材料／2人份**

冬瓜　1/8個（200g）
雞絞肉　60g
A｜高湯　2杯
　｜味醂　1大匙
　｜淡味醬油　2小匙
　｜鹽　1/4小匙
B｜味醂・淡味醬油
　　各1大匙
　｜高湯　3/4杯
太白粉水｜太白粉
　　1/2大匙
　｜水　1大匙
青柚子皮（切絲）　少許

1. 把冬瓜切成5cm×7cm。為了要留下綠色的感覺，皮的部分只要薄薄地削掉就好。
2. 冬瓜放進煮滾的A湯汁，蓋上落蓋（參考P7），用稍弱的中火煮25分鐘，直到冬瓜變柔軟為止。
3. 在別的鍋子倒入B，加入絞肉攪散。開火之後一邊拌炒一邊加入太白粉水增加稠度。
4. 將冬瓜裝盤，淋上**3**的絞肉芡汁，再放上青柚子皮就完成了。

# 鯛魚白菜千里蒸

容易熟的魚肉最適合用來蒸煮。蔬菜也一起蒸熟再淋上醬汁來享用。

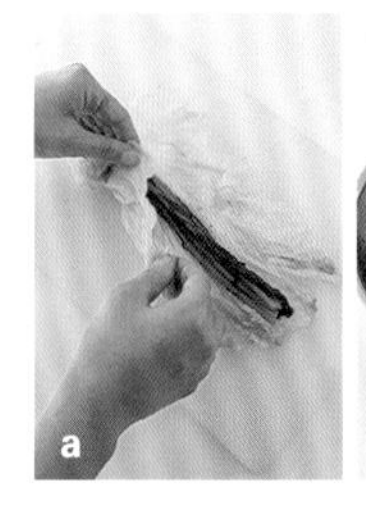
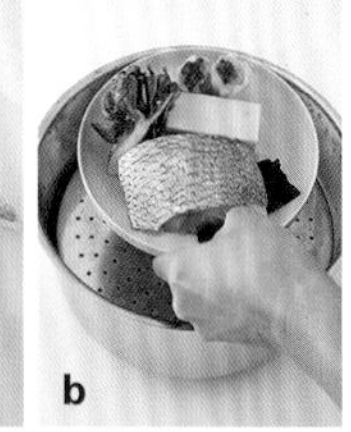
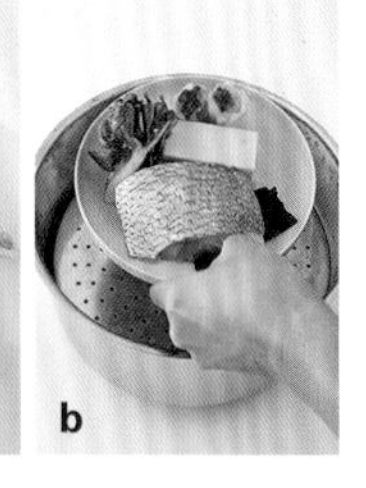

**材料／2人份**

鯛魚片　2片
絹豆腐　1/4塊
舞菇（用手撥開）　1/2包
白菜葉　1片
茼蒿　3根
昆布（5cm的四方形）　2片
鹽　少許
酒　2大匙
酸桔醋醬油　3大匙
辣蘿蔔泥（市售）　適量
金桔（橫切一半）　1個

1. 鯛魚抹上鹽巴之後放置5分鐘，再用清水洗掉，擦乾水分。豆腐切成3cm寬。白菜和茼蒿用鹽水汆燙後，將茼蒿的水分擠乾。在白菜上面放上茼蒿之後捲起來（a），切成4等分。
2. 將一片昆布鋪在耐熱的容器上，放一片鯛魚上去。再把豆腐、舞菇、白菜茼蒿捲各放一半的量在周圍。淋上1/2量的酒。把剩下的放在另一盤。
3. 在蒸鍋中放入熱水煮滾，把**2**放進去（b）。蓋上蓋子用大火蒸8分鐘。※如果一盤一盤分開蒸的話，另一盤也用一樣的方法蒸。
4. 把盤子取出，分別擺上辣蘿蔔泥以及金桔，再淋上酸桔醋醬油食用。

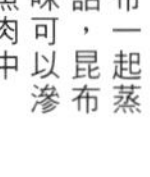

## 燉煮南瓜

可以產生自然甜味的燉煮。
南瓜容易因為
煮太久而散掉，
所以利用較少的醬汁
以及落蓋來燉煮。

**材料／2人份**

南瓜　1/4個
高湯（或水）　1杯
味醂　2大匙
砂糖　2大匙
醬油　1大匙

1. 去掉南瓜籽，切成4cm的塊狀。稍微去掉一些皮。
2. 將南瓜、高湯、味醂、砂糖、醬油放入鍋中之後開火，煮滾後蓋上落蓋（參考P7），用較弱的中火煮15分鐘。因為醬汁較少，所以在煮的時候要晃動一下鍋子。

## 什錦大豆

事先多做一點
很適合用來當成備用菜色。
利用水煮大豆來製作
就很方便。

**材料／2人份**

大豆（水煮）　200g
蒟蒻　150g
紅蘿蔔　100g
牛蒡　100g
昆布　5cm的四方形
A　高湯　1又1/2杯
　砂糖　2大匙
　醬油　1又1/2大匙

1. 用水清洗大豆之後移到篩網瀝乾水分。把蒟蒻、紅蘿蔔、牛蒡切丁，約1cm左右。昆布切成1cm的四方形。
2. 在鍋中加入熱水煮沸，放入蒟蒻、紅蘿蔔、牛蒡汆燙3分鐘，用篩網瀝乾水分。
3. 快速清洗鍋子之後，把A放進去，再加入**2**、大豆、昆布，蓋上落蓋（參考P7）用較弱的中火煮20分鐘。

## 拌炒羊栖菜

有豐富口感的一道，在這裡雖然是用羊栖菜的莖部來製作，其實用羊栖菜芽也可以唷。

**材料／4人份**

羊栖菜（乾燥）　20g
油豆腐　1/2片
紅蘿蔔　5cm
四季豆（用鹽水汆燙）　5根
芝麻油　2小匙
A｜砂糖・醬油　各1大匙
　｜味醂　1/2大匙
　｜高湯　1/2杯

1. 把羊栖菜確實洗乾淨後再泡溫水10分鐘回復原狀。擦乾水分之後切成約5cm長。將油豆腐放在篩網上，順時鐘淋上熱水，切成5cm×1cm大小。紅蘿蔔切成5cm長的細條，四季豆也切成5cm長。
2. 在鍋中倒入芝麻油用較強的中火加熱，放入**1**之後快速地拌炒再加入A，用小火煮7～8分鐘直到醬汁收乾。關火之後直接放涼，讓味道可以滲透進去。

## 燉煮蘿蔔乾絲

雖然說是乾貨，但蘿蔔乾還是趁新鮮吃比較美味。買了之後請盡早料理。

**材料／3～4人份**

蘿蔔乾絲　40g
油豆腐　1片
紅蘿蔔　5cm
豌豆莢　8片
A｜高湯　1杯
　｜淡味醬油・味醂
　｜　各1大匙
　｜砂糖　1小匙

1. 蘿蔔乾絲確實地用水搓揉洗淨，浸泡在水中10分鐘。把水分擠乾之後切成4cm的長度。將油豆腐放在篩網上，順時鐘淋上熱水之後切成5cm×1cm大小。紅蘿蔔也切成5cm長的短片狀。豌豆莢把筋剝除後斜切。
2. 把A倒進鍋子中，再加入蘿蔔乾絲、油豆腐、紅蘿蔔之後開火。沸騰之後轉較弱的中火煮10分鐘。加入豌豆莢之後再煮1分鐘就完成了。

# 豬肉味噌湯

可以品嘗到大量的根莖類蔬菜，多做2～3倍的量用來保存。

**材料／2人份**

豬肉薄片　80g
白蘿蔔　1/8根
紅蘿蔔　1/6根
蒟蒻　1/8片
芋頭　2個
牛蒡　1/4根
油豆腐　1/4片
沙拉油　2小匙
高湯　3杯
味噌　3大匙
細蔥蔥花　少許

1. 將豬肉切成一口大小。蘿蔔、紅蘿蔔、芋頭切成銀杏形。蒟蒻切成4cm長的短薄片。牛蒡斜切成薄片，油豆腐切成4cm×1cm。在鍋中煮沸熱水之後，加入蒟蒻、芋頭、牛蒡、油豆腐燙2分鐘，用篩網撈起。
2. 快速把鍋子洗乾淨，用中火加熱沙拉油把豬肉炒到變色，再加入白蘿蔔、紅蘿蔔、蒟蒻、芋頭、牛蒡、油豆腐拌炒。
3. 加入高湯把食材煮到變軟，把味噌加進去溶解，再煮滾一次之後關火，盛進湯碗中加入蔥花就完成了。

# 酒粕鮭魚湯

依照鹽漬鮭魚的鹽分來增減味噌的量。含有酒精的酒粕可以溫暖身體。

**材料／2人份**

鹽漬鮭魚　2片
馬鈴薯　1個
紅蘿蔔　1/4根
洋蔥　1/4個
高湯　2杯
酒粕　4大匙
白味噌（或綜合味噌）　2大匙

1. 將鹽漬鮭魚放在篩網上順時針淋上熱水（霜降法），再切成兩塊。馬鈴薯與紅蘿蔔則切成一口大小的滾刀塊。洋蔥切成1cm寬。
2. 在鍋中倒入高湯之後開火，煮滾之後加入**1**，用中火煮到變柔軟為止。
3. 把切到細碎的酒粕與味噌放進湯中攪散後關火。

# 照燒鰤魚

鰤魚是一種用
網子烤很容易碎掉的魚。
利用平底鍋慢慢地煎烤
再進行照燒吧。

**材料／2人份**

鰤魚　2片
青辣椒　4根
A　酒　1大匙
　味醂　2大匙
　醬油　2大匙
　砂糖　1小匙
沙拉油　1小匙

1. 將A攪拌均勻倒入大盤中，把鰤魚放進去醃30分鐘（a），用刀子直向在青辣椒上劃一道刀痕。
2. 在平底鍋中倒入沙拉油，用較弱的中火加熱，將鰤魚的水分擦乾後排放進鍋子中（醬汁先放旁邊），煎兩分鐘後翻面，另一面也用一樣的方式煎（b）。
3. 把3大匙醬汁加入鍋中開大火，快速地讓鰤魚充分沾到醬汁，完成照燒。取出之後盛裝在容器中。
4. 接著把青辣椒放進平底鍋用中火煎1分鐘左右，擺放在**3**旁邊。

剩下的醬汁不要丟掉，可以用來製作照燒醬汁。

最後加入醬汁，讓魚的每個部位都沾裹到，製造照燒口味。

## 牛肉牛蒡卷

利用絕配的牛蒡跟牛肉所組成，經典的日本料理。也稱為八幡卷。

**材料／2人份**

牛肉薄片　8片（180g）
牛蒡　1根
長辣椒　2根
A｜高湯　1杯
　｜砂糖　2小匙
　｜醬油　1又1/2大匙
沙拉油　1小匙
B｜砂糖・味醂　各1大匙
　｜醬油　1又1/2大匙
　｜高湯　1/2杯

1. 將牛蒡切成10cm×1cm見方的條狀，再泡水10分鐘。
2. 在鍋中把A煮滾之後，加入牛蒡用中火煮10分鐘，直到變軟再拿出來。
3. 把4片牛肉稍微有一點重疊地鋪開在砧板上，放四條**1**上去之後捲起來，選三處用棉線綁起打結。剩下的也是一樣作法。
4. 在鍋中加熱沙拉油，把**3**排放進去，一邊翻轉讓每處都煎到變色。把B倒入一起煎煮10分鐘直到醬汁消失，再加入切成一半的長辣椒煎2分鐘。將牛蒡牛肉卷切成方便食用的大小之後，跟長辣椒一起裝盤。

## 煎豆腐排

利用芝麻油煎得酥香又金黃。再淋上充滿香辛料的醬汁。

**材料／2人份**

木棉豆腐　1塊
A｜薑（磨泥）　1小片
　｜大蒜（磨泥）　1/3瓣
　｜醬油　1大匙
　｜七味辣椒　少許
芝麻油　1大匙
細蔥蔥花　適量
柴魚絲　適量

1. 豆腐切成厚1.5cm方便食用的大小，用廚房紙巾包著吸乾水分。
2. 將芝麻油倒入平底鍋中加熱，用中火把**1**的兩面煎到呈現焦黃色澤。重複翻面會讓豆腐碎裂，只要翻一次就好。在煎的時候可以稍微晃動鍋子才不會黏鍋。
3. 裝盤，淋上A再放上蔥花與柴魚絲。

## 香煎雞肉

盡量整體統一雞肉的厚度之後再煎，就能均勻地讓每一處都煎到。

**材料／2人份**

雞腿肉　1片
A｜酒・味醂・醬油　各2大匙
　｜砂糖　2小匙
　｜鹽　1/3小匙
　｜胡椒　少許
沙拉油　1大匙
紫色洋蔥（切絲）　適量
生菜　2片

1. 雞腿肉的筋用菜刀以直角劃上淺淺的刀痕。另外雞肉比較厚的部分則把菜刀橫握劃上幾刀，把劃過刀痕的地方攤開變薄，讓整體的厚度統一成2cm左右。將雞肉放在A中醃10分鐘以便入味，再用廚房紙巾把水分擦乾（醬汁先留下來）。
2. 將沙拉油倒入平底鍋加熱，雞肉要從皮的那一面開始放入鍋中，用中火煎4分鐘，直到有焦黃色澤之後翻面再煎3分鐘。
3. 加入醬汁，一邊讓雞肉都沾裹上，一邊再煎2～3分鐘。裝盤綴以紫洋蔥與生菜。

## 土魠魚西京燒

醃漬一個晚上，讓味噌的鹹味以及美味都轉移到白肉魚身上。

**材料／2人份**

土魠魚　2片
鹽　少許
A｜西京味噌　60g
　｜酒・味醂　各1大匙
　｜淡味醬油　1/2大匙
菊花形蕪菁（如果有的話）　2個

沒有的話，用手邊的混合味噌也可以。如果是比較鹹的味噌，請增減味噌的量

1. 將土魠魚的兩面都撒上鹽巴擺20分鐘之後，把水分擦掉。
2. 充分攪拌A之後，塗在土魠魚的兩面，再用保鮮膜包起來裝進保存袋中，放入冰箱冷藏5～6小時。
3. 確實把味噌清除掉之後，利用電熱烤盤或是烤網將兩面烤得酥香。

取下來的味噌可以塗在其他的青皮魚上，如果只醃一次，是可以再次利用的

## 紙包烤鱈魚

因為用鋁箔紙密封住，所以魚以及蔬菜的甜味都能保留下來。

**材料／2人份**

鱈魚（切片）　2片
洋蔥　1/2個
鴻喜菇　1/2包
紅椒　1/4個
鴨兒芹　1/2把
鹽・酒　各少許
A｜奶油・醬油・酒　各1大匙
　｜味醂　1/2大匙
奶油　1小匙

1. 在鱈魚切片上撒上鹽巴、酒，等待10分鐘後快速洗掉，把水分擦乾。洋蔥切成1cm寬，把鴻喜菇沾到土的部分洗乾淨，分成比較小朵的分量，紅椒切成一口大小，鴨兒芹則切成4cm長。
2. 把鋁箔紙剪成20cm的正方形，在正中央按照順序放上鱈魚、洋蔥、鴻喜菇、紅椒、鴨兒芹的各一半分量，再加入一半的A，把靠近身體方向的鋁箔紙跟另一側往中間包捲起來，再把兩端捏緊密合。剩下的也是一樣的作法。
3. 用已經預熱到200℃的烤箱烤7～8分鐘，烤完之後把鋁箔紙打開放上奶油。

## 茄子田樂燒

因為用炸的容易太過油膩，所以利用平底鍋仔細地煎。

**材料／2人份**

茄子　2小條
A｜雞絞肉　70g
　｜砂糖・味醂・酒・高湯・紅味噌　各2大匙
沙拉油　2又1/2大匙
青紫蘇　2片

（如果沒有紅味噌，用混合味噌也沒關係。）

1. 把茄子縱向薄薄地切掉一小片，讓茄子可以橫放著。在平底鍋中倒入沙拉油加熱之後放入茄子，蓋上蓋子用中火慢慢煎6分鐘。用筷子戳看看，如果變軟就表示煎好了。
2. 製作雞肉味噌。在小鍋子中倒入A，一邊把雞絞肉放進去用長筷攪散，一邊開中火，在呈現照燒色澤之前必須不斷地用筷子攪拌。
3. 在茄子中間縱向劃一刀，把青紫蘇夾進去，大量填入做好的**2**。剩下的茄子也用一樣的方式製作。

# 鹽烤竹筴魚

可以品嘗到竹筴魚美味的基本鹽烤作法。產季是春末到夏初。

# 高湯煎蛋卷

加入高湯的關西風煎蛋卷，有著濕潤的口感。

**材料／2人份**

蛋　4個

A　高湯　4大匙
　淡味醬油　1小匙
　味醂　2小匙
　鹽　少許

沙拉油　適量
白蘿蔔泥　適量
醬油　少許

1. 好像要把蛋白切開一般徹底將蛋打散，倒入A之後均勻攪拌。
2. 加熱煎蛋卷專用鍋，用吸滿沙拉油的廚房紙巾，沿著鍋子的每一處擦過一遍。
3. 開中火，在鍋中倒入1/3的蛋液，表面開始凝固之後用筷子將邊緣蛋皮掀起來，稍微把煎蛋鍋的另一側抬起來，把蛋往身體這一側的方向捲。
4. 再一次用沾滿沙拉油的廚房紙巾擦拭鍋子上空下來的地方。把捲好的蛋往離身體較遠的那一側推過去，再把1/3的蛋液倒入空下來的位置。把另一側已經捲好的蛋卷往上夾讓它也沾到蛋液。接著重複捲蛋卷的動作。
5. 做好之後放在竹簾上，輕輕地按壓稍微整理形狀，形狀固定之後再分切裝盤。在旁邊放上蘿蔔泥並且淋上醬油。

**材料／2人份**

竹筴魚　2尾
鹽　1小匙
沙拉油　適量
帶莖的嫩薑　2根
檸檬（切扇形）　2片

1. 把竹莢魚的鱗片以及正中間的稜鱗去除。腮的部分也去掉，從腹部劃一刀之後把內臟清除，再用水清洗（參考P59）。
2. 表面再用菜刀劃十字刀痕（裝飾刀工），全體撒上鹽巴，把所有的鰭都沾上大量的鹽巴（防止燒焦用鹽，需另外準備）（參考P59）。
3. 把烤網裝在烤魚用的烤爐上並且塗上沙拉油加熱。竹莢魚的頭朝左邊放上烤網，用中火烤7～8分鐘。將魚頭朝左邊方向盛放在盤子中，再把帶莖的嫩薑跟檸檬放在旁邊。

## 天婦羅

把當季的食材
炸得酥脆。
蔬菜要比魚貝類
早放進油鍋中。

**材料／2人份**

蝦子　4尾
星鰻（切成3片）　1/2尾
地瓜（切成1cm厚的輪片狀）
　2片
蓮藕（切成7mm厚的輪片狀）
　2片
銀杏　4個
鴨兒芹　8根
筍子的尖端（縱切一半）
　1/2個
A｜蛋黃　1個
　｜麵粉　80g
　｜冰水　3/4杯
天婦羅沾醬｜高湯　1/2杯
　　　　　｜味醂・醬油
　　　　　｜　各2大匙
麵粉・油炸用油　各適量

1. 將蝦子的腸泥剔除，留下尾巴那截殼之後把其他的殼剝掉，在身體內側劃上3處刀痕，把蝦子拉直。星鰻清洗乾淨之後切成兩片。地瓜、蓮藕浸泡在水中5分鐘。把銀杏的殼剝開之後，放進小鍋中用1杯水煮沸，用湯匙的底一邊滾動一邊把薄皮剝除。兩個兩個串成一串。把4根鴨兒芹輕輕地打一個結，製作2個。
2. 用力地攪拌A的麵衣麵糊，避免結塊。
3. 把油炸用油加熱到170℃，以先蔬菜後魚的順序，分別沾上少量麵粉以及麵糊，下鍋油炸到酥脆，再裝盤。
4. 取一個小鍋子把天婦羅沾醬的材料放進去煮滾之後，放到天婦羅旁邊。

## 蓮藕炸肉餅

有著清脆口感的蓮藕
吃起來很特別。
也可以用蝦子
取代雞絞肉來製作。

**材料／2人份**

蓮藕（切5mm厚的輪片狀）
　8片
雞絞肉　100g
蔥（切細末）　4cm
薑（切細末）　1片
青紫蘇　4片
A｜醬油・味醂・太白粉
　｜　各2小匙
B｜冷水　1/3杯
　｜蛋黃　1/2個
　｜麵粉　4大匙
油炸用油　適量

1. 將蓮藕泡水5分鐘。把雞絞肉、蔥、薑、A放進大碗中攪拌。
2. 將蓮藕的水分擦乾，灑上太白粉（需另外準備）後，把餡料的1/4夾在中間。剩下的也是一樣的作法。
3. 分別把**2**跟青紫蘇沾裹上混合好的B，用170℃的炸油來油炸。

**材料／2人份**

木棉豆腐　1塊
芡汁｜高湯　1杯
　　｜味醂・醬油　各2大匙
太白粉・辣蘿蔔泥（市售）・
　細蔥蔥花　各適量
油炸用油　適量

1. 將豆腐切成4等分後，放到篩網上擺10分鐘把水瀝乾。
2. 將油炸用油加熱到170℃，把3大匙的太白粉均勻地裹在豆腐上，用手按壓之後放進油鍋中炸約4～5分鐘，把豆腐炸到金黃色為止。
3. 在小鍋中放入芡汁的材料開小火煮滾，把1/2大匙太白粉加水1大匙溶解後，倒入鍋子中製造黏稠度。
4. 把豆腐裝盤，放上辣蘿蔔泥、蔥花之後，從旁邊倒入芡汁。

因為油會飛濺，所以在炸的時候不要用長筷翻動。

**材料／2人份**

秋刀魚　1尾
鹽　少許
麵粉　2大匙
A｜醬油　1大匙
　｜味醂・酒・砂糖
　｜　各1大匙
沙拉油　1大匙
蕪菁　1個
山椒粉　適量

1. 秋刀魚撒上鹽巴靜待5分鐘後用水洗乾淨。把頭跟內臟去掉之後，快速沖洗一下再把水分擦乾，切成3片（參考P59），再切成一半長度之後，裹上麵粉。
2. 蕪菁的莖留下一點之後把皮削掉，切成4塊灑上一點鹽（另外準備）搓揉。
3. 把沙拉油倒入平底鍋中加熱之後，把**1**的秋刀魚魚皮朝下用中火煎，然後翻面把兩面焦得酥脆。清洗平底鍋之後把A倒進去煮滾再放入秋刀魚，讓秋刀魚沾到醬汁。
4. 裝盤，把蕪菁放在旁邊，灑上山椒粉。

## 鯖魚南蠻漬

有著一點辣味的醬汁
淋在剛炸好的魚上，
醬汁恰到好處的酸味
促進食慾。

**材料／2人份**

鯖魚（切片）　2片
洋蔥　1/4個
紅蘿蔔　1/4根
青椒　1個
紅辣椒（取出種子）　1根
A｜醋　1/2杯
　｜醬油　3大匙
　｜酒・味醂　各1大匙
　｜砂糖　2小匙
　｜鹽　1/2小匙
麵粉　2大匙
油炸用油　適量

1. 把洋蔥、紅蘿蔔、青椒以及紅辣椒切絲。把A攪拌均勻之後和蔬菜一起攪拌。
2. 鯖魚用水洗過把水分擦掉，灑上少許鹽巴（需另外準備）後裹上麵粉，用加熱到170℃的油炸用油油炸大約5分鐘，直到變酥脆為止。炸好之後淋上**1**。

## 日式豆腐餅

本來是寺廟的素齋。
除了可以當成
佐餐菜色之外，
也可以當成下酒菜。

**材料／2人份**

木棉豆腐　1塊
黑木耳（乾燥）　1片
銀杏　6個
紅蘿蔔　3cm
山藥（磨泥）　30g
A｜高湯　1/2杯
　｜淡味醬油　1小匙
油炸用油　適量
醬油・黃芥末泥　各少許

1. 將豆腐用乾淨的棉布（或廚房紙巾）包起來，再用重物壓，把水分擠出直到厚度只剩一半。山藥則先削皮再磨成泥。
2. 把泡過水回復原狀的黑木耳以及紅蘿蔔切成1cm長的細條狀，把已經去皮的銀杏切成輪片狀（參考P37的「天婦羅」）。
3. 把A倒入鍋中煮滾後放入**2**，煮5分鐘之後用篩網撈起來。
4. 把豆腐用篩子擠成泥之後，跟**1**的山藥和**3**攪拌在一起，捏成乒乓球大小的丸子。放入已經加熱到170℃的油鍋中，炸約5～6分鐘，直到表皮變酥脆，裝盤跟芥末醬油一起食用。

# 親子丼

利用削切方式
讓雞肉均勻受熱。
也可以用平底鍋
一口氣做兩人份。

**材料／2人份**

溫熱的米飯　2碗
雞腿肉　160g
乾香菇　2片
洋蔥　1/4個
鴨兒芹　4根
蛋　3個
A | 高湯　1/2杯
　| 醬油　2又1/3大匙
　| 味醂　2大匙

a

b

1. 將雞肉薄薄削切成塊（a），把乾香菇泡水30分鐘以上回復原狀之後再切薄片，洋蔥也切成薄片，鴨兒芹切成2～3cm長。把A放進大碗中攪拌均勻，再拿另一個碗把蛋打散。
2. 分別製作兩人份。將A的一半倒進親子鍋中（沒有的話用小平底鍋）之後開火，加入雞肉、香菇、洋蔥的各一半分量到鍋中。
3. 雞肉熟了之後把已經打散的一半蛋液以劃圓方式倒入鍋子中，蓋上蓋子10秒讓蛋液呈半熟狀（b），倒在飯上再撒上鴨兒芹。剩下的也是一樣的作法。

用削切的方式讓雞肉可以均勻受熱，也不會把醬汁煮乾

加入蛋液後立刻蓋上蓋子蒸煮，快速讓它半熟

日本料理

# 鯛魚茶泡飯

在有著濃厚調味的鯛魚上
注入熱呼呼的高湯。
餐廳的味道
意外地簡單就能做到。

**材料／2人份**

溫熱的米飯　2碗
鯛魚（生魚片）　160g
醬油・白芝麻泥
　各1又1/2大匙
味醂　1/2大匙
高湯　2杯
淡味醬油　2小匙
山葵泥・海苔絲・茶泡飯霰餅
　各適量

1. 把芝麻泥倒入大碗中，用醬油、味醂調勻。把鯛魚切約3mm厚之後放入碗中醃5分鐘。
2. 在鍋中倒入高湯以及醬油之後煮滾。
3. 把**1**的鯛魚、芥末、海苔、霰餅放在飯上，倒入**2**就完成了。

# 牛肉蓋飯

可以快速的完成，
當成早餐也不錯。
撒上七味粉
也很美味。

**材料／2人份**

溫熱的米飯　2碗
牛五花肉片　160g
洋蔥　1/4個
A｜高湯　1杯
　｜醬油　3大匙
　｜酒・味醂　各2大匙
　｜砂糖　2大匙

1. 牛肉切成一口大小，洋蔥切成薄片。
2. 在鍋中把A煮滾之後加入洋蔥用中火煮，洋蔥煮到稍微變透明之後把牛肉也放進去拌炒，讓肉熟透。最後開大火讓醬汁快速地跟整體結合在一起。連同醬汁一起放在飯上。

**材料／容易製作的分量**

米　3杯
海瓜子（肉的部分）　150g
薑（切絲）　30g
A｜淡味醬油．酒　各2大匙
　｜味醂　2小匙
高湯　適量
細蔥蔥花　適量

1 米洗乾淨之後用水浸泡30分鐘。海瓜子肉用鹽水（1小匙鹽巴加入2杯水．需另外準備）一邊晃動一邊清洗，再用篩網瀝乾。
2 在小鍋中把A煮滾放入海瓜子肉，小火炊煮2～3分鐘，把湯汁雜質過濾掉。
3 在電子鍋的內鍋中放入米以及**2**的湯汁，再加入高湯直到符合3杯米的量之後拌勻，用一般的程序炊煮。
4 飯煮好之後，把**2**的海瓜子倒進鍋中再次蓋上蓋子悶10分鐘。上下攪拌均勻，盛在碗中，把薑絲跟蔥花放上去。

## 深川飯

充滿貝類甘甜，有點奢侈的一品。要注意海瓜子不要煮太老。

## 什錦飯

可以減少一道配菜，充滿配料的炊飯。捏成飯糰也不錯。

**材料／容易製作的分量**

米　3杯
雞胸肉　150g
乾香菇　2片
牛蒡　1/3根（50g）
紅蘿蔔　1/3根（30g）
竹筍（水煮）　50g
高湯　適量
A｜醬油　1又1/2大匙
　｜味醂．酒　各1大匙

1 米洗乾淨後用水浸泡30分鐘。
2 把乾香菇泡水回復原狀，雞肉跟乾香菇切成薄片。牛蒡削薄片之後用水浸泡消除澀味再把水瀝乾。紅蘿蔔切成3cm的細條狀，竹筍也切成3cm長。
3 在電子鍋的內鍋中放入米以及A，再加入高湯直到符合3杯米的量後拌勻，加上**2**後照一般程序炊煮。
4 飯煮好之後上下翻動拌勻。

# 鮪魚鴨兒芹拌飯

只要攪拌就好，非常簡便。
鴨兒芹以及茗荷的香味很鮮明。

**材料／2人份**

溫熱的白飯　2碗
鮪魚罐頭　小的1罐
鴨兒芹　4根
茗荷　1/2個
醬油　1/2大匙
山葵泥　1/2小匙
白芝麻　1小匙

1. 舀出一大匙的鮪魚罐頭湯汁，剩下的罐頭汁倒掉，再把鮪魚大略撕碎，鴨兒芹切成2cm長，茗荷則切絲備用。
2. 在碗中混合剛才舀出的罐頭湯汁、醬油、山葵泥。再加入鮪魚、鴨兒芹、茗荷攪拌，放到飯上後再次攪拌讓全體混合在一起。盛裝在器皿中，撒上芝麻。

# 白粥

米量與水量1比7
常見的七分粥，
依個人喜好加入梅乾、
烤鮭魚等。

**材料／容易製作的分量**

米　100ml
鹽　1/2小匙

使用底比較厚的砂鍋來炊煮。

1. 把米洗乾淨後，用篩網瀝乾水分倒入砂鍋中再加水700ml，平平地攪動。
2. 開火煮5～6分鐘，沸騰之後立刻換成極小火再煮1小時，過程中要從鍋底攪拌一次。完成之後加入鹽巴。

# 散壽司

在節慶的日子不可或缺的日本之味。從小孩到老人家，不管是誰都喜歡。

**材料／4人份**

米　3杯
A｜昆布　5cm四方形
　｜酒　1大匙
壽司醋｜醋　5大匙
　　　｜砂糖　2大匙
　　　｜鹽　1小匙
配料｜乾香菇　2朵
　　｜紅蘿蔔　1/3根
　　｜醬油．砂糖　各1大匙
　　｜泡發乾香菇的汁　1杯
蛋皮絲｜蛋　3個
　　　｜砂糖　1又1/2大匙
　　　｜鹽　少許
　　　｜沙拉油　適量
蝦子（帶殼）　8尾
烤星鰻　1尾
蓮藕　60g
甜醋｜醋　2大匙
　　｜砂糖　1大匙
　　｜鹽　少許
山椒芽

**1**　將米洗乾淨，浸泡30分鐘。在電子鍋的內鍋中放入米以及A，加水直到符合3杯米的量後攪拌一下，照一般程序炊煮。在小容器中把壽司醋的材料攪拌均勻。飯煮好之後放到壽司盆中以劃圓方式淋上壽司醋，間隔一下再攪拌，讓飯可以吸收醋汁，用飯匙像切一般地攪拌（a）。

**2**　製作散壽司的配料。將乾香菇用熱水浸泡30分鐘回復原狀（汁先留下來），切成薄片。紅蘿蔔則切成2cm長的絲。在小鍋子中放入醬油、砂糖、乾香菇的汁，煮滾之後放入紅蘿蔔、乾香菇用中火煮10分鐘把汁收乾。

**3**　製作裝飾用配料。在一個小容器中攪拌甜醋的材料。把蝦子的腳以及腸泥剝除，用鹽水燙過之後把殼剝掉，用一半的甜醋浸泡蝦子。星鰻切成4cm長，蓮藕切成薄片用鹽水燙3分鐘。用剩下的甜醋浸泡。

**4**　製作蛋皮絲。把蛋打散之後加入砂糖跟鹽巴。在平底鍋中倒入少許油用中火加熱，把多餘的油用廚房紙巾吸掉。在鍋中倒1/3的蛋液，旋轉平底鍋讓蛋液薄薄地沾滿整個鍋子，用較弱的中火煎。蛋熟了之後將火關掉，用長筷將邊緣挑起來。注意不要燙傷，用手把蛋皮翻面（b）再煎20秒。剩下的也是一樣作法。一片一片弄成圓形，從最旁邊切成細絲。

**5**　在**1**的壽司飯中放入**2**的配料攪拌。再放上**3**的甜醋醃蝦、蓮藕、星鰻、**4**的蛋皮絲之後，撒上山椒芽就完成了。

**材料／容易製作的分量**

糯米　3杯
紅豆（乾燥）　1/2杯
酒　1大匙
鹽　2/3小匙
黑芝麻　少許

1. 用大量的水煮紅豆，煮滾之後把水倒掉。另外再加3杯水煮30分鐘，把紅豆跟湯汁分開。
2. 把糯米洗乾淨，浸泡2小時。
3. 在電子鍋的內鍋中放入糯米、紅豆的湯汁、酒、鹽，再加水直到符合3杯糯米的量。放入紅豆之後選擇糯米飯模式來炊煮。煮好後裝盤，用黑芝麻、南天竹（需另外準備）來裝飾。

**材料／2條分量**

米　2杯
酪梨（切成1cm見方的條狀）
　1/2～1個左右
鮭魚
　（生食用・20cm長 × 1cm見方）
　2條
細蔥（20cm長）　4根
白芝麻粒　5大匙
烤海苔　2片
A｜昆布　5cm的四方形
　｜酒　1大匙
壽司醋｜醋　3大匙
　　　｜砂糖　1大匙
　　　｜鹽　2/3小匙
美乃滋　2大匙
B｜檸檬汁・鹽・胡椒
　｜　各少許
市售帶莖的嫩薑（如果有的話）
　2根

1. 將米洗淨，浸泡30分鐘。在電子鍋的內鍋中放入米以及A，加水直到符合2杯米的量，攪拌一下，照普通程序炊煮。在小容器中混合壽司醋的材料，飯煮好後放到壽司盆中以劃圓方式淋上壽司醋，靜置30秒後再用飯匙攪拌。將酪梨與鮭魚裹上B。
2. 在竹捲簾上鋪上保鮮膜，放上海苔。鋪上1/2的壽司飯後連同海苔整個翻面。將各1/2量的酪梨、鮭魚、蔥橫放上去，然後在配料上面擠上1/2的美乃滋。
3. 從靠近身體的這一側開始捲竹捲簾。拿掉保鮮膜之後在表面沾上1/2量的白芝麻粒。剩下的也用一樣的作法製作。切成好入口的大小後裝盤，再於一旁綴以帶莖的嫩薑。

## 油豆腐煨小松菜

用高湯醬油燉煮的清爽煨菜。

1. 在鍋中煮沸熱水，加入1小匙鹽，把1/2把小松菜的莖放到水裡煮1分鐘後，葉子也放進去再煮1分鐘，然後浸泡冷水，把水擠乾切成4cm長。
2. 把1/2片的油豆腐用熱水燙過去油，切成4cm×1cm。
3. 快速把鍋子清洗乾淨後加入高湯一杯、味醂2/3大匙、淡味醬油1大匙以及**1**、**2**，用中火煮3分鐘左右。把火關掉之後放涼。

## 什錦豆腐泥

值得花時間去做的高雅風味。

1. 把1/2塊絹豆腐燙1～2分鐘，用棉布包起來用力擠乾水分。在研缽中放進豆腐、白芝麻粒、砂糖、白味噌各1大匙之後仔細地研磨。
2. 把紅蘿蔔30g、白蘿蔔50g切成3cm長的短片狀，撒上少許鹽巴之後用力絞擠。
3. 蒟蒻（白）80g用冷水煮過，切成短片狀。乾香菇2朵切成薄片。在鍋中倒入淡味醬油、味醂各1小匙、高湯1/2杯之後，把蒟蒻與香菇放進去煮5～6分鐘讓汁收乾。
4. 將**2**與放涼的**3**加入**1**攪拌後裝盤。把兩條豌豆用熱水燙過之後切絲裝飾在豆腐泥上。

P46～47的材料全部都是2人份。

# 芝麻涼拌四季豆

芝麻事先炒過的話香氣會更濃。

1. 把100g四季豆的筋撕掉，在鍋中放入熱水煮沸，加入1小匙鹽巴之後用較強的中火燙3分鐘。用冷水浸泡放涼，瀝乾水分後切成3cm長。
2. 將2又1/2白芝麻放進平底鍋中用中火炒過之後，放進研缽中用研磨棒磨半碎。加入砂糖、醬油各2大匙攪拌到變滑順為止。
3. 要吃之前加入**1**攪拌。



# 鮪魚燴青蔥

就算不是上好的生魚片也能得到滿足的好味道。

1. 將80g鮪魚（碎塊，生魚片用）切成2～3cm的四角塊狀，撒上鹽巴、醋來去除腥味。
2. 在熱水中加入1小匙鹽巴，將1/2把青蔥的白色部分燙2分鐘、綠色部分燙1分鐘。用篩網取出放涼。將中間的黏液用手擠出後切成3cm長。將40g的海帶（鹽漬）用清水徹底把鹽分洗掉，用熱水快速燙10秒後切成3cm長。
3. 將白味噌、砂糖、醋各2大匙以及芥末泥1/3小匙均勻攪拌之後，加入**1**、**2**涼拌。

# 醋拌小黃瓜與魩仔魚

用醬油、砂糖、味醂調出的醋所做出的醋拌小菜代表，這就是媽媽的味道！

1. 將2根小黃瓜切成薄片加入1小匙鹽，等鹽滲進去之後用水清洗，用力擠乾水分。
2. 把3大匙醋、1大匙砂糖、2小匙淡味醬油攪拌均勻。
3. 要吃之前把**1**跟乾魩仔魚30g拌入**2**後裝盤。再放上一點茗荷的絲裝飾。

# 滷豬肉

仔細地花時間滷煮，豬肉就會柔軟得入口即化。

**材料／4人份**

豬五花肉（塊狀）　500g
薑的皮　1小片
蔥的綠色部分　1根
A　高湯　3杯
　　酒・醬油　各3大匙
　　砂糖　2大匙
蔥　5cm
黃芥末泥　適量

1 加熱平底鍋之後把豬肉放進去，將表面全體都煎到焦黃色。

2 在鍋中放入豬肉，加水淹過豬肉，再加入薑跟蔥。用較弱的中火煮2小時左右後把豬肉取出，用水把浮沫等等洗掉再切成5～6cm的方塊。

3 在別的鍋子放入A，再把豬肉排放進去。蓋上落蓋用小火煮30～40分鐘。將蔥切絲之後泡水再把水確實瀝乾（白髮蔥）。把豬肉裝盤，放上蔥絲，再將芥末泥擺在旁邊。

一邊翻轉，讓全部的面都煎到

用冷水煮過的步驟可以讓脂肪減少3成

## 鴨肉火鍋

有著濃郁風味的火鍋。
鴨肉不要煮太久
不然會變硬。

**材料／4人份**

鴨胸肉　大的1片（400g）
青蔥　1把
水菜　1把
烤豆腐　1塊
太白粉　3大匙
A｜高湯　3杯
　｜醬油・味醂　各1/4杯
山椒粉（如果有的話）　少許

1. 將鴨肉切成5mm厚的薄片，一片一片裹上太白粉。
2. 將青蔥、水菜切成5～6cm長。另外把烤豆腐切成1.5cm厚。
3. 在砂鍋中把A煮滾，加入**1**、**2**。煮到翻滾的時候撒上山椒粉食用。

## 雪見火鍋

磨成泥的蕪菁
看起來宛如在賞雪一般。
煎到酥香的
肉丸子非常美味。

**材料／4人份**

雞絞肉　400g
絹豆腐　1塊
滑菇　1包
芹菜　1把
蕪菁　4個（用½根的白蘿蔔也很美味）
A｜蛋　1/2個
　｜酒・味醂・太白粉　各1大匙
　｜鹽　1/3小匙
沙拉油　1大匙
B｜高湯　3杯
　｜醬油　1又1/2大匙
　｜味醂　1大匙
　｜鹽　1小匙

1. 把雞絞肉跟A充分搓揉在一起。捏成16等分的扁橢圓形。
2. 在平底鍋中加熱沙拉油，用中火把**1**煎到出現焦色。
3. 快速清洗滑菇，然後把芹菜切成4cm長，豆腐切成8等分。蕪菁削皮磨泥，放到網眼比較細的篩網中用流動的水清洗，再把水瀝乾。
4. 在砂鍋中放入B之後煮滾，把**2**與滑菇、芹菜、豆腐放下去煮。再次煮滾之後把蕪菁散放進鍋子中各處。

# 手毬壽司

捏成宛如小手毬般圓形的可愛壽司。製作成一口大小。

**材料／4人份**

竹葉醃漬小鯛魚（市售）　4片
山椒芽　4片
生干貝（生食用・5mm厚）
　4片
鴨兒芹的莖　少許
燻鮭魚　4片
柚子皮（磨泥）　適量
柚子汁　1/2大匙
胡椒　少許
鹽・醋　各少許
醋飯　米3杯的分量（參考P44）

選用比目魚、鮪魚、煎蛋、蝦子、雞肉膜等也都很美味

1. 將醋飯分成12等分，將手沾水之後把醋飯搓圓。干貝沾上鹽跟醋。
2. 把鯛魚片、山椒芽照順序放在4個**1**上面，用保鮮膜包起來捏成圓形。
3. 把生干貝、鴨兒芹的莖照順序放在4個**1**上面，用保鮮膜包起來捏成圓形。
4. 把燻鮭魚放在4個**1**上面，擠上柚子汁，用保鮮膜包起來捏成圓形。然後再放上磨成泥的柚子皮。

用保鮮膜包起來緊密地捏合

# 太卷壽司

正因為認真製作
所以很美味。
想要傳給下一代，
代表日本的味道。

**材料／2條份**

烤海苔　2片
厚煎蛋卷｜蛋　2個
　砂糖　1/2大匙
　鹽　少許
　沙拉油　適量
菠菜　3株
櫻田麩（市售）　30g
烤星鰻（市售）　1/2條
干瓢（乾燥．長20cm）　6條
乾香菇　中2朵
醬油．砂糖　各1大匙
醋飯　米3杯的分量（參考P44）
紅薑　適量

**1** 製作煎蛋卷。將蛋打散後加入砂糖、鹽攪拌，接著讓煎蛋卷用鍋子沾滿沙拉油之後倒入蛋液，邊捲邊煎，製做成厚煎蛋卷。稍微放涼之後切成1.5cm見方的棒狀。

**2** 把干瓢跟乾香菇泡在溫水中約30分鐘回復原狀。在鍋子中放入干瓢、乾香菇以及醬油、砂糖，開小火煮10分鐘左右直到變柔軟為止，接著瀝乾湯汁備用。

**3** 用別的鍋煮沸熱水加入1小匙鹽巴（需另外準備），把菠菜放下去燙1分鐘，從水中取出後用力擠乾水分，把根部切掉。

**4** 在捲簾上把烤海苔的背面朝上放置，留下靠近身體這一側1cm，遠離身體那側留2cm的空間，把1/2量的醋飯鋪開在海苔上。

**5** 把太卷一半的配料（厚煎蛋卷、干瓢、乾香菇、菠菜、櫻田麩、烤星鰻）鋪在醋飯上面，兩手按住材料之後把捲簾往遠離身體的那一側捲，確實地從捲簾上面施力緊密包捲。剩下的也是一樣做法。將菜刀沾濕之後切成8等分裝盤，再把紅薑裝飾在旁邊。

一開始捲的時候就要用兩手確實壓緊做出形狀。

每切一片就要用濕毛巾把菜刀沾濕一次。

# 松葉蟹炒蛋

只是把帶殼的螃蟹跟蛋一起炒，雖然很簡單但外觀很厲害。

**材料／4人份**

水煮螃蟹（帶殼・火鍋用）1盒（500g）
蛋 3個
芝麻油 1大匙
A｜鹽 1/3小匙
　｜酒・淡味醬油 各1大匙
　｜砂糖 1/2大匙
金桔（橫切一半） 1個

因為使用火鍋用螃蟹所以很方便。

1. 把帶殼的螃蟹用剪刀剪成略大的一口大小。
2. 在平底鍋中加熱芝麻油，用中火炒螃蟹，加入A炒3～4分鐘。
3. 將蛋打散之後加進去，快速地拌炒讓蛋變半熟之後就關火裝盤，把金桔裝飾在旁邊。

蛋大大地拌炒過後立刻關火。

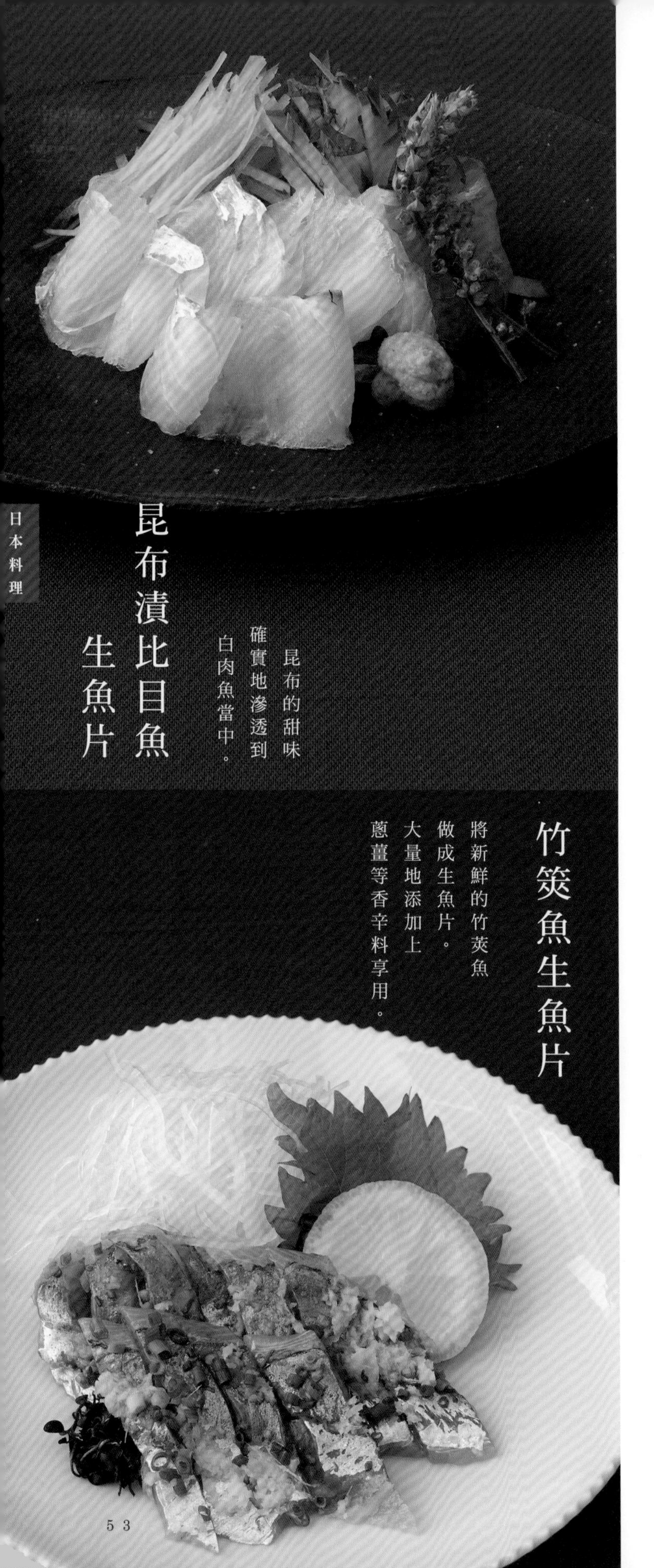

# 昆布漬比目魚生魚片

昆布的甜味確實地滲透到白肉魚當中。

**材料／4人份**

比目魚（生魚片用）　200g

（用鯛魚或是鱸魚的生魚片也很好吃）

昆布（20cm × 10cm）　3片

山葵（磨泥）　適量

醬油　適量

裝適用｜紫蘇花　適量

　　　｜南瓜（切絲）　適量

　　　｜小黃瓜（切絲）　適量

1. 用濕的毛巾擦拭昆布，讓昆布變濕。
2. 將昆布2片並排不要重疊，把比目魚疊在昆布上，然後再把剩下的昆布疊上去，疊成5層。用保鮮膜把整體包起來放進冰箱冷藏一小時。
3. 把比目魚從昆布上拿開裝盤，再把山葵、紫蘇花、南瓜、小黃瓜裝飾在旁邊。沾著山葵醬油一起食用。

# 竹筴魚生魚片

將新鮮的竹筴魚做成生魚片。大量地添加上蔥薑等香辛料享用。

**材料／4人份**

竹莢魚（生魚片用）　中型2尾

細蔥蔥花　4根

薑（磨泥）　1小片

醋　2大匙

醬油　3大匙

裝飾用｜白蘿蔔（切絲）　150g

　　　｜紅蓼　適量

　　　｜青紫蘇　4片

　　　｜檸檬（切片）　4片

1. 把竹莢魚的鱗片以及稜鱗去除後，把頭切掉、肚子剖開取出內臟。以水清洗，用廚房紙巾把水吸乾（參考P59）。
2. 切成3片，把腹骨切除，拔掉小刺，再剝皮，從最旁邊切成1cm寬裝盤（參考P59）。
3. 把蔥花與薑撒在竹莢魚上面，加上白蘿蔔、紅蓼、青紫蘇、檸檬裝飾。沾醋醬油享用。

**材料／14cm的豆腐模型一個．4人份**

雞絞肉　300g

A｜酒．味醂．醬油．砂糖 各2大匙
　｜味噌．薑汁　各1大匙

B｜蛋　1個
　｜麵粉．麵包粉　各3大匙

罌粟子　1小匙（沒有罌粟子的話用白芝麻也可以）

防風（如果有的話）適量

1 把A與一半雞絞肉放進鍋中開小火，用長筷不停地拌炒直到熟為止。把鍋子移開爐子稍微放涼。（先把一半的量拌炒好，等到放進烤箱要烤時才會比較快熟）

2 把**1**跟剩下的生絞肉和B倒進研缽中，用研磨棒研磨到沒有顆粒狀變柔滑為止。

3 倒進豆腐模型中，確實地倒滿四個角讓表面變平整，全體撒上罌粟子。用已經預熱180℃的烤箱烤25分鐘。（把顆粒壓碎搗成泥狀後，完成的口感就會綿密又濕潤）

# 雞肉松風燒

也可以當成年菜的高雅日本料理。用來下酒也很適合。

# 松茸土瓶蒸

可以享受香味，感受季節的一道料理。把湯汁注入小瓷杯中享用。

**材料／4人份**

松茸　1根（舞菇、生香菇、鴻喜菇等都很美味）
蝦子（帶殼）　4尾
雞胸肉　1條
銀杏　8個
鴨兒芹（切成4cm長）　少許
金桔（切成4等分）　2個
A　高湯　4杯
　　鹽　2/3小匙
　　淡味醬油　2小匙

1. 用銀杏切割器把銀杏的殼切開，快速燙過熱水後剝皮。再用乾淨的濕布（或是廚房紙巾）把松茸沾濕擦去髒汙，縱切成2mm寬。（松茸既不清洗也不剝皮，免得香氣降低）
2. 把蝦子的腸泥剔除，留下尾巴之後剝殼，雞胸肉斜切成5mm厚的薄片。接著把雞胸肉跟蝦子放在篩網上用熱水淋一圈。
3. 把1/4的蝦子、松茸、銀杏、雞胸肉放進土瓶（1人份）中，在小鍋中把A煮沸，倒1/4的量至土瓶中，把烤網放在瓦斯爐上，再把蓋上蓋子的土瓶放上去，煮滾之後從爐子上拿下來，加入鴨兒芹。剩下的也是一樣的作法。（土瓶太小了很難固定在爐架上，所以把土瓶放在烤網上）
4. 在小瓷杯中倒入湯汁及配料，再擠上金桔享用。

# 日本料理／年菜

在這裡介紹的年菜料理，都是手工製作才最好吃的菜色。只要在30、31日事先做好這5道，接下來過年的準備也會變得比較輕鬆。鯡魚子、魚板、昆布卷、小沙丁魚乾等可以買市售的也無妨。

## 伊達卷

蓬鬆的口感與柔和的甜味，是手工製作才有的特別風味。

**材料／金屬製淺盆 20×20cm 1個份**

蛋 6個
白肉魚的魚漿（市售） 150g
A | 砂糖 120g
酒・味醂 各2大匙
淡味醬油・鹽 各1/2小匙

a

b

1. 將A加入魚漿之後倒進研缽中攪拌直到變柔滑。把蛋打在碗裡，徹底打散之後一點一點地倒進研缽中，確實攪拌。
2. 把金屬淺盆放在烤盤上，在盆中鋪上烘焙紙之後把**1**倒進去（a），用預熱到180℃的烤箱烤15分鐘，等到表面烤出漂亮的焦糖色後，用竹籤戳進中間，沒有沾到還沒熟的蛋液就完成了。
3. 趁熱時將表面朝上放在伊達卷專用捲簾（或是壽司捲簾）上，把烘焙紙拿開，從靠近身體的這一側開始捲（b）。捲好之後在捲簾外綁上橡皮筋再用保鮮膜包住，冷卻之後切成容易食用的大小。

一開始捲的時候注意要確實地包捲成形

## 醋漬紅白蘿蔔絲

正月料理很重要的一道菜，蘿蔔的酵素可以幫助消化。

**材料／容易製作的分量**

白蘿蔔・紅蘿蔔　各1/2條
黃柚子的皮（切絲）　少許
鮭魚卵（如果有的話）　適量
鹽　1大匙
A｜醋　5大匙
　｜砂糖　3大匙
　｜鹽　1/2小匙

1. 白蘿蔔、紅蘿蔔切成5cm長的細絲之後放進大碗中，加入鹽巴用手搓揉，再用水清洗，用力擠乾水分。
2. 把A加入大碗中攪拌均勻，再放入**1**涼拌，靜置1小時。裝盤並把鮭魚卵點綴上去。

若有刨絲器的話，切絲一下子就完成了。太便利了讓人愛不釋手。

## 黑豆

黑豆會因為產地而有種類大小不一的情況，仔細確認袋子上的標示後再進行製作。

**材料／容易製作的分量**

黑豆（乾燥）　300g
A｜砂糖　300g
　｜醬油・鹽　各1小匙
　｜小蘇打　1/2小匙

1. 在鍋中加入2ℓ的水及A，開火將湯汁煮滾，加入洗好的黑豆，靜置一個晚上。
2. 連同湯汁一起煮，一邊撈除浮沫，用小火煮2～3小時。

**材料／容易製作的分量**

地瓜　600g（2條）
栗子甘露煮（市售）　10個
栗子甘露煮的蜜汁（市售）　2大匙
砂糖　150g
味醂　2大匙

1. 將地瓜的皮削掉之後切成1cm厚的大小，泡水10分鐘。用大量的水煮20分鐘直到變柔軟為止，趁熱用篩網壓成泥。
2. 把**1**、砂糖、味醂、甘露煮的蜜汁倒進鍋子中攪拌，開小火，一邊注意不要燒焦一邊攪拌，再加入剝成4塊的栗子甘露煮進去一起揉攪。

**材料／4人份**

雞腿肉（切成一口大小）　4片
蝦子（帶頭）　4尾
乾香菇（泡水回復）　4朵
年糕　4個
小松菜　4根
魚板（切成1cm厚）　4片
高湯　4杯
鹽　適量
醬油　適量
柚子皮　適量

1. 雞肉用少許醬油醃漬入味。蝦子在帶殼狀態把腸泥剔除。年糕事先烤出焦色。用鹽水（需另外準備）燙小松菜之後擠乾水分，切成4cm長。在魚板上劃兩條刀痕之後交錯穿過去（象徵松葉）。
2. 在鍋中放入高湯、2/3小匙的鹽、1大匙醬油煮滾，再把雞肉、蝦子、乾香菇放下去煮到熟為止。
3. 在碗中放入小松菜、年糕、魚板以及**2**，舀入湯汁，擺上柚子。

# 魚貝類的事先準備①

介紹秋刀魚的剖開法以及使用整尾竹筴魚時的兩片、三片刀法。秋刀魚也請使用跟竹筴魚一樣的方法來進行事先準備。

## 沙丁魚（剖開法）

### 1 去除魚鱗

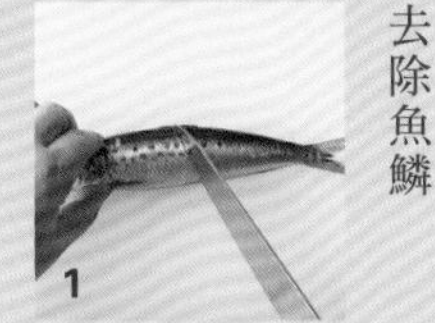

將菜刀的尖端由尾巴往頭的方向移動，把魚鱗刮除。剩下的魚鱗用大碗裝水來清洗，再用廚房紙巾把水吸掉。

### 2 把頭切掉

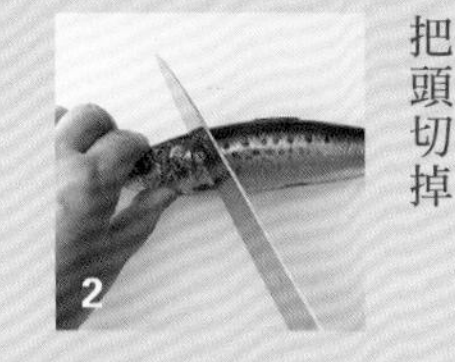

在胸鰭附近的位置下刀，把頭切掉。

### 3 去除內臟

把有內臟的腹部區域淺淺地斜切掉一部分，把內臟挖除。

### 4 用手撥開

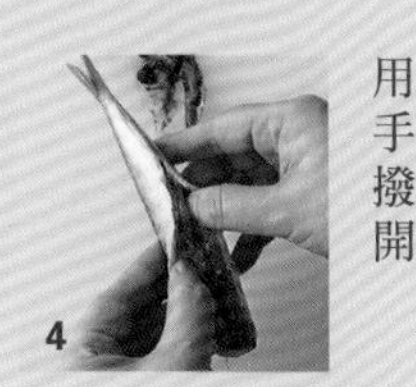

在腹部的上方把大拇指插進上身與中骨的中間，往兩側撥開。

### 5

把連著尾巴的中骨拉起來，往頭的方向拉除。

### 6、7

把腹骨斜斜地切除就完成了。

## 竹筴魚

### ◎鹽烤用（使用整尾）

#### 1 去除魚鱗以及稜鱗

將菜刀的尖端由尾巴往頭的方向移動，把魚鱗刮除。

將菜刀橫放斜斜地切進尾巴之後，往胸鰭前端靠進身體的那一側移動，把整條硬的稜鱗切除。另一面的稜鱗也是用一樣的方法去除。

#### 2 把腮去除

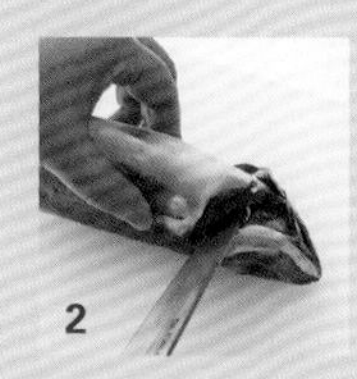

讓腮骨呈現打開的狀態，用刀尖把下巴上下部跟腮連結的地方切斷，再用手把腮拉出來。

#### 3 去除內臟

在胸鰭下面的腹部劃一刀，用刀尖把內臟挖出來，迅速地清洗腹部內側之後用廚房紙巾吸乾水氣。

#### 4 加上裝飾刀工及防烤焦鹽

在表面那一側劃上十字刀痕（裝飾刀工）。從距離30cm高的地方薄薄地撒下鹽巴。用指頭把胸鰭沾滿鹽巴，另外也把背鰭、尾鰭、腹鰭、臀鰭一樣沾上鹽巴（防止烤焦）。

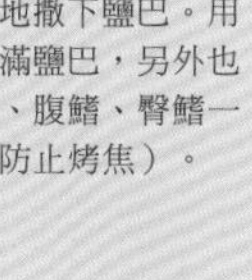

### ◎兩片刀法・三片刀法

#### 2 把頭切掉

從胸鰭的連接處斜斜地下刀把頭切掉。

#### 3 取出內臟

沿著腹部的界線劃一刀到肛門的地方，用刀尖把內臟以及血管等挖出來。迅速地用水清洗腹部內部，再用廚房紙巾擦乾水分。

#### 4 切成兩片

將尾巴放在左邊，把菜刀橫放從頭往尾巴方向沿著中骨切過去。

#### 5

圖片中是切成兩片之後的狀態。

#### 6 切成三片

將中骨朝下方，沿著中骨把菜刀橫放用一樣的方式切過去。圖片中是完成三片的狀態。

#### 7 切除腹骨

從切好三片的魚上把腹骨切除。

#### 8 拔除小刺

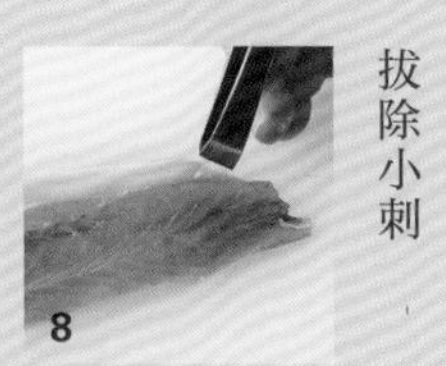

沿著中骨把殘留的小刺用夾子拔除。

#### 9 剝皮

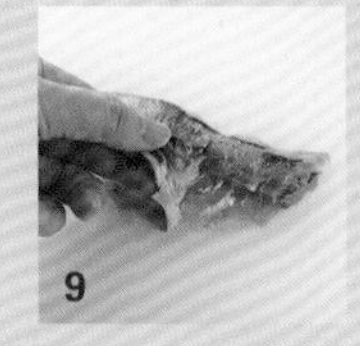

頭部往尾巴方向部分，把皮掀起來約2cm，再用右手壓住身體，以剛才掀起來的地方為起始點，朝尾巴方向一口氣把魚皮剝掉。

# 西式料理

日本家庭不可或缺的家常料理是漢堡排、可樂餅、焗烤。一起來學習現成熟食所沒有，手工製作獨有的美味吧。除了炸蝦、乾煎鮭魚等傳統的西式料理，也別忘記新興的義式、法式人氣美食。本篇也介紹了義式水煮魚、番茄煮雞肉、普羅旺斯燴蔬菜等餐廳的人氣料理，另外還整理了10種義大利麵。在宴客菜的篇章中，爐烤豬肉以及西班牙海鮮飯等令人憧憬的食譜也出現在其中，是似乎可以聽到「看起來好好吃！」讚美聲的華麗料理。

西式料理 BEST 5

# 漢堡排

不管是誰都喜歡，家常料理的固定班底。仔細拌炒洋蔥增加自然的甜味。

**材料／2人份**

混合絞肉　200g
洋蔥　1/4個
A｜牛奶・麵包粉　各2大匙
　｜蛋　1/2個
　｜鹽　1/3小匙
　｜肉豆蔻・胡椒　各少許
奶油・沙拉油　各適量
紅酒　2大匙
多明格拉斯醬（市售）　60ml
番茄醬　1大匙
紅蘿蔔（切成4cm長 × 2cm見方）　6片
綠色花椰菜（分成小朵）　6朵
胡椒　少許

## 菜單規劃的重點

漢堡排跟玉米濃湯、南瓜濃湯，這種有濃稠感的湯品很搭。如果想要增加菜單的豐富感的話，也可以在漢堡排上加上荷包蛋，做成夏威夷式漢堡排也很好吃喔。



**1　拌炒洋蔥**

將洋蔥切成細末，平底鍋中加入1/2大匙奶油加熱，用中火拌炒洋蔥直到變透明。從鍋子取出放涼。

**2　揉捏絞肉**

在大碗中放入絞肉跟洋蔥以及A之後充分揉捏。

充分揉捏之後，就會變得柔軟。

**3　做成扁圓形**

在手上沾取少許沙拉油，把**2**分成2等分，像在接球般地用兩手拍打出形狀，讓空氣跑出來。捏成扁圓形之後把中央稍微壓凹，剩下的也是一樣作法。

**4　煎煮兩面**

將1小匙沙拉油以及奶油加入平底鍋中加熱，用較強的中火煎兩面。先煎2分鐘左右，再翻面也煎2分鐘。

**5　進行悶煎**

轉成小火蓋上蓋子，悶煎約4分鐘。打開蓋子用竹籤刺中央部分，如果流出清澈肉汁的話，加入紅酒收乾裝盤。

**6　製作醬汁**

在平底鍋內剩下的肉汁中加入多明格拉斯醬以及番茄醬，用中火煮2分鐘左右，之後淋在漢堡排上。盛裝在器皿中，把用鹽水（需另外準備）燙過的紅蘿蔔以及綠色花椰菜裝飾在旁邊，撒上胡椒。

# 炸豬排

可以吃到熱呼呼剛炸好的豬排，就是家常料理獨有的奢侈之處。

## 菜單規劃的重點

有了大量的高麗菜絲在旁邊的話，應該就不需要沙拉了吧。推薦搭配馬鈴薯沙拉或者馬鈴薯冷湯。另外，雖然是西式料理，但跟味噌湯也很搭。

**材料／2人份**

豬里肌肉　2片（200g）
鹽　1/3小匙
胡椒　少許
麵粉・蛋液・麵包粉　各適量
油炸用油　適量
豬排醬　適量
高麗菜・紅蘿蔔（切絲）　各適量



**1**

### 切斷豬肉的筋

在豬肉紅色瘦肉與白色脂肪之間劃約4～5處刀痕（切斷筋）。在兩面撒上鹽巴與胡椒。

先把筋切斷，在炸的時候才不會縮小捲起來

**2**

### 裹上麵衣

將兩面都裹上麵粉之後沾上蛋汁，再輕壓裹上麵包粉。輕輕拍一拍把多餘的麵包粉拍掉。

**3**

### 加熱油鍋

在炸鍋中倒入2cm左右高的油炸用油，加熱到170℃。將長筷放進油裡判斷油溫，如果不斷冒出細小泡泡就表示溫度夠了。

就算沒有油炸用鍋，因為油的高度是約2cm，所以也可以用平底鍋炸

**4**

### 放進熱油中

把**2**放進油鍋中，炸約3～4分鐘直到變酥脆為止。

**5**

### 取出切塊

放在有網子的淺盤上，等到稍微放涼之後切成容易食用的大小，裝盤後把高麗菜絲跟紅蘿蔔絲放在旁邊，淋上豬排醬。

# 雞肉咖哩

雖然很濃厚，
但是卻又清爽不膩口。
隱藏著蘋果以及香蕉的味道，
打造多層次口感。

## 菜單規劃的重點

這道菜很適合配高麗菜沙拉，或者是以優格底當醬汁的沙拉。有酸味的西洋醃菜沙拉（P86）也很適合用來當做清口的配菜。

**材料／2人份**

雞腿肉　200g
洋蔥　1/2個
大蒜　1瓣
薑　1小片
蘋果　1/4個
香蕉　1/4根
鹽・胡椒　各適量
麵粉　適量
沙拉油　適量
咖哩粉　1又1/2大匙
番茄泥　1大匙
西式高湯　2杯
溫熱米飯　適量



### 1 事先準備

把雞肉切成一口大小，洋蔥、大蒜、薑切成細末狀，蘋果磨成泥，香蕉切成1cm見方。

水果的酵素可以把肉煮得柔軟

### 2 煎雞肉

把雞肉撒上少許鹽巴和胡椒之後，裹上2小匙的麵粉。在鍋中加入1/2大匙沙拉油加熱，用強火煎雞肉，煎到有焦黃色澤之後就取出來。

先取出來等一下再放進去，才不會煮得太老

### 3 炒洋蔥等其他食材

在一樣的鍋子中倒入2/3大匙沙拉油以及洋蔥、大蒜、薑，用中火炒20分鐘，直到變成麥芽糖色。

充分拌炒直到變麥芽糖色，引出甜味

### 4 加入咖哩粉等

加入1大匙的麵粉、咖哩粉之後再炒5分鐘。

### 5 先調味之後再熬煮

加入番茄泥、西式高湯後開火，煮滾後再加入雞肉、蘋果、香蕉，用小火煮15分鐘。加入各少許的鹽巴、胡椒來調味。跟飯一起裝盤。

# 焗烤鮮蝦

製作白醬的過程意外地簡單。
雖然奶味很濃，
但是味道很清爽。

**材料／2人份**

蝦子　8尾
洋蔥（切成1cm見方）
　1/4個
蘑菇（縱切成5mm寬）
　6個
通心粉　80g
鹽・胡椒　各適量
白酒　1大匙
奶油　10g
起士粉　1大匙
麵包粉　1大匙
荷蘭芹（切細末）　少許

白醬
奶油・麵粉　各40g
牛奶　3杯
鹽　1/3小匙
胡椒　少許

## 菜單規劃的重點

配菜的部分就來補充大量蔬菜吧。可以選擇椒鹽乾煎花椰菜、或是紅蘿蔔沙拉（P86）、水煮青菜沙拉（P86）等等，選擇在烤的時候就可以另外做好的簡單配菜。



**1　事先準備**

蝦子剝掉蝦殼、把腳和背部腸泥去除。切成1cm見方之後加上各少許的鹽、胡椒、白酒後揉搓。依照包裝袋上的指定時間用鹽水煮通心粉。

**2　拌炒蝦子等食材**

加熱平底鍋融化奶油，以中火拌炒洋蔥跟蝦子，炒至變色之後撒上少許鹽和胡椒。

**3　炒奶油與麵粉**

製作白醬。在一個比較厚的鍋子中放入奶油後開小火，等奶油融化之後加入麵粉，用木匙炒5分鐘。

推薦使用較厚的鍋子，因為比較不會燒焦

**4　靜置冷卻**

當粉的顆粒都不見之後，把鍋子端離瓦斯爐，將鍋底泡在已經裝水的淺盤中冷卻。

為了要配合牛奶的溫度所以要冷卻，如此一來就不會結塊

**5　拌入牛奶**

把牛奶一口氣倒入**4**中，轉略強的中火一邊攪拌，煮滾之後轉小火，再用木匙攪拌5分鐘。出現稠度之後就可以關火，加入鹽巴和胡椒攪拌。

**6　拌勻之後用烤箱烤**

把**2**、蘑菇、通心粉加入平底鍋中後，再倒入**5**的3/4分量拌勻，裝入焗烤盤。再把剩下的**5**蓋上去、撒上起士粉、麵包粉，放進預熱到200℃的烤箱中烤10分鐘。烤好之後拿出來撒上荷蘭芹末。

# 馬鈴薯可樂餅

充滿豐富馬鈴薯
熱騰騰的可樂餅。
少量的絞肉
呈現出好味道。

## 菜單規劃的重點

這道菜很適合搭配蛤蠣巧達湯（P79）類等湯品。馬鈴薯可樂餅比較缺乏動物性蛋白質，可以透過巧達湯的蛤蠣肉來補充。也可以配上像紅蘿蔔沙拉（P86）這種的簡單配菜。

**材料／2人份**

混合絞肉　80g
洋蔥（切細末）　1/4個
馬鈴薯　2個
鹽　1/4小匙
胡椒・肉豆蔻　各少許
麵粉・蛋液・麵包粉　各適量
番茄（切角形）　4片
綜合生菜葉　適量
奶油　10g
油炸用油　適量
醬汁
- 番茄醬　3大匙
- 辣醬油　1大匙



### 1 拌炒絞肉

平底鍋加熱之後把奶油放進去融化，加入洋蔥拌炒。等到洋蔥變透明之後加入混合絞肉炒到變色為止，撒上鹽巴、胡椒、肉豆蔻。

### 2 汆燙馬鈴薯

馬鈴薯切成2cm的滾刀塊，在鍋子中放入大量的水汆燙約10分鐘。把水倒掉之後開火，搖動鍋子讓水分蒸發。

### 3 用木匙壓碎

把馬鈴薯繼續放在鍋子中，趁熱用木匙大略壓碎。

留下一點馬鈴薯顆粒吃起來才有蓬鬆口感

### 4 加入絞肉

把馬鈴薯移到大碗中，加入**1**攪拌。

### 5 裹上麵衣

分成4等分捏成橢圓形，依序沾上麵粉、蛋汁、麵包粉。

### 6 油炸可樂餅

在炸鍋中倒入3cm高的炸油，加熱到170℃。放入**5**之後炸3分鐘，翻面之後再炸2分鐘。將炸好的可樂餅裝盤，淋上攪拌好的醬汁再把番茄、綜合生菜葉裝飾在旁邊。

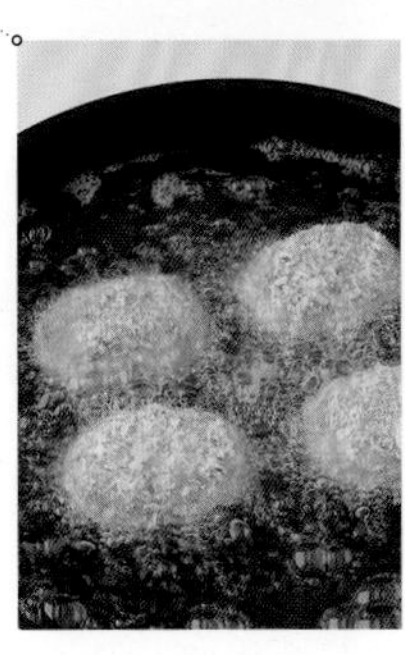

沒變成金黃色之前不要翻面

# 高麗菜捲

充分燉煮過的高麗菜，柔軟到用筷子就能切開。

**材料／2人份**

高麗菜葉　大的4片
A｜混合絞肉　200g
　｜洋蔥（切碎末）　1/4個
　｜蛋　1/2個
　｜肉豆蔻・鹽・胡椒　各少許
培根（切成一半長度）　2片
大蒜（切碎末）　1瓣
番茄醬汁（市售）　1/2杯
西式高湯　1又1/2杯
奶油　1大匙
鹽・胡椒　各少許

a

1. 用熱水先把高麗菜葉燙過，燙好之後一片一片地排在篩網上冷卻。
2. 把A放進大碗中，確實揉捏之後分成4等分，整理形狀呈橢圓形。
3. 把分成4等分的**2**放在一片高麗菜葉上，用靠進身體這一側的葉子蓋上去，再把左右兩邊往內摺再捲（a）。接著把培根捲上去，用牙籤固定收口。剩下的也是一樣作法。
4. 把奶油放入鍋中用中火加熱，炒大蒜、把**3**排放進去。加入西式高湯、番茄醬汁攪拌之後，用較弱的中火燉煮30分鐘。再用鹽巴及胡椒調味，把牙籤拔掉之後裝盤，淋上醬汁。

準備大一點的鍋子，燙的時候注意不要讓葉子破掉

捲上培根之後更能添加風味

## 普羅旺斯燴蔬菜

番茄與茄子等蔬菜甜味被凝縮，誕生自南法的蔬菜料理。

**材料／2人份**

- 彩椒（紅）　1/3個
- 番茄　1/2個
- 節瓜　2/3條
- 茄子　1條
- 西洋芹　1/2根
- 洋蔥　1/2個
- 大蒜　1瓣
- 番茄醬汁（市售）　1/2杯
- 砂糖　1又1/2小匙
- 橄欖油　2大匙
- 鹽　1/2小匙
- 胡椒　少許
- 茴香芹　少許

1. 番茄、彩椒切成一口大小。節瓜切成輪片狀、茄子切成半月形、西洋芹切成3cm長的薄片，再把洋蔥、大蒜切細末。
2. 將橄欖油倒進平底鍋中用中火加熱拌炒洋蔥、大蒜，炒到稍微變透明之後加入彩椒、節瓜、茄子、西洋芹繼續炒5分鐘。
3. 加入番茄、番茄醬汁、砂糖用小火煮15分鐘左右，用鹽巴、胡椒調味之後裝盤，最後裝飾上茴香芹。

## 番茄煮雞肉

用番茄醬汁燉煮雞腿肉的義大利家庭料理。

**材料／2人份**

- 雞腿肉　200g
- 節瓜　1/4條
- 彩椒（黃）　1/2個
- 大蒜　1瓣
- 紅辣椒　1/2根
- 白酒　2大匙
- 番茄醬汁（市售）　1/4杯
- 西式高湯　1/2杯
- 迷迭香　1株
- 橄欖油　1大匙
- 鹽・胡椒　各適量
- 麵粉　1大匙

1. 雞肉大略切成較大的塊狀。撒上一點鹽、胡椒，再裹上麵粉並且把多餘的粉拍掉。將節瓜切成6等分的輪片狀。再把彩椒縱切成6等分。
2. 在平底鍋中倒入橄欖油用強火加熱，把雞肉放進去煎到出現焦黃色澤之後加入大蒜、紅辣椒。
3. 倒入白酒繼續拌炒，加入節瓜、彩椒、番茄醬汁、西式高湯、迷迭香，用中火煮10分鐘，加入各少許鹽巴、胡椒調味。

## 普羅旺斯煮鯖魚

加入大蒜與橄欖一起拌炒，再用番茄醬汁稍微燉煮。

**材料／2人份**

- 鯖魚（切片）　2片
- 大蒜　1瓣
- 紅辣椒　1/2根
- 綠橄欖　6個
- 鹽　適量
- 麵粉　2大匙
- 橄欖油　2大匙
- 番茄醬汁（市售）　1/4杯
- 白酒　1大匙
- 胡椒　少許
- 百里香（如果有的話）　適量

1. 將鯖魚切一半，兩面撒上1小匙鹽，靜置10分鐘之後用水清洗，再把水分擦乾裹上麵粉，把多餘的粉拍掉。大蒜切薄片、紅辣椒斜切之後把種子挖掉、橄欖也把種子去除切細條狀。
2. 在平底鍋中倒入橄欖油用較弱的中火加熱，將鯖魚放進去把兩面煎到酥脆為止。
3. 加入大蒜、紅辣椒、橄欖炒2～3分鐘，倒入番茄醬汁以及白酒再煮5～6分鐘，用少許鹽和胡椒調味。裝盤，百里香裝飾在一旁。

## 法式煎鮭魚

薄薄地裹上麵粉再煎到酥脆，最後加上奶油。

**材料／2人份**

- 鮭魚（切片）　2片
- 鹽　2/3小匙
- 胡椒　少許
- 麵粉　2大匙
- 沙拉油　1大匙
- 奶油　1又1/2大匙
- 白花椰菜（分成小朵）　適量
- 生菜　適量
- 檸檬（切片）　2片
- 義大利香芹（如果有的話）　適量

1. 在生的鮭魚兩面上撒上鹽巴、胡椒之後再裹上麵粉，把多餘的粉拍掉。
2. 把沙拉油倒入平底鍋用中火加熱，把鮭魚放進鍋中煎熟兩面，用廚房紙巾把鮭魚分泌出的油脂吸除。
3. 加入奶油，讓鮭魚呈現美麗焦色。
4. 裝盤，把用鹽水燙過的白花椰菜、生菜以及劃上刀痕扭轉過的檸檬、義大利香芹裝飾在旁邊。

## 酥炸花枝圈

使用杜蘭小麥粉可以炸出香脆的口感。

**材料／2人份**

花枝　1尾
杜蘭小麥粉　3大匙
起士粉　1大匙
鹽．胡椒　各少許
麵粉　2大匙
油炸用油　適量
檸檬（切成角狀）　1片
羅勒（如果有的話）　少許
番茄醬　適量

（杜蘭小麥粉：用來當做義大利麵原料，很有彈性的高筋麵粉。如果沒有的話也可以把麵包用食物調理機磨細來使用）

1. 把花枝的身體與腳連接的部分分開，拔除整個內臟。再把身體內的軟骨拔掉，剝皮後切成輪片狀（參考P97）。撒上鹽巴、胡椒。
2. 麵粉加水1大匙溶解。
3. 將花枝依序沾上**2**以及杜蘭小麥粉與起士粉混合在一起的粉。將炸油預熱到170℃，炸約2分鐘。裝盤並加入檸檬、羅勒，或是依個人喜好添加番茄醬。

## 乾煎豬排佐黃芥末醬

跟有黃芥末子與鮮奶油的濃郁沾醬一起享用。

**材料／2人份**

豬肩里肌肉　2片
綠蘆筍　1根
蘑菇　2個
鹽．胡椒　各適量
麵粉　1大匙
奶油　適量
白酒　2大匙
鮮奶油　1/4杯
芥末子　2/3大匙

1. 把豬肉的筋切斷，撒上少許鹽巴與胡椒，裹上麵粉把多餘的粉拍掉。綠蘆筍斜切成4等分，蘑菇縱切成4片。
2. 在平底鍋中加入1小匙奶油用中火加熱後拌炒蘆筍與蘑菇，撒上少許鹽巴與胡椒後取出。
3. 快速把平底鍋擦拭一下，再加入1/2大匙奶油用中火加熱，把豬肉放進去讓兩面都煎熟之後拿出來裝盤。
4. 在平底鍋中加入白酒、鮮奶油、芥末子跟剩下的肉汁攪拌在一起，用中火加熱1分鐘，淋在**3**上之後裝盤，把**2**裝飾在旁邊。

# 奶油燉雞肉

香醇濃厚的奶油燉菜。有著家庭特有的溫暖味道。

**材料／2人份**

雞腿肉　200g
小洋蔥　4個
紅蘿蔔　1/4根
四季豆　2根
蘑菇　4個
西式高湯　1又1/2杯
牛奶　1杯
月桂葉　1片
鮮奶油　2大匙
奶油　適量
麵粉　適量
鹽．胡椒　各適量

1. 把紅蘿蔔切成5cm的短片，四季豆切成5cm長度，蘑菇縱切一半。雞肉切成一口大小，撒上鹽巴與胡椒，沾上麵粉把多餘的粉拍掉。
2. 在平底鍋中放入1小匙奶油加熱，把雞肉放進去用大火翻炒，出現焦色就取出來。
3. 一樣的平底鍋中再加入1小匙奶油，用中火拌炒小洋蔥、紅蘿蔔、蘑菇。撒入1又1/2大匙的麵粉，用小火炒5分鐘讓整體都有裹到粉，注意不要燒焦。
4. 加入西式高湯、牛奶、月桂葉後轉大火，煮滾之後轉成小火，加入四季豆以及**2**再燉煮10分鐘。完成時加入鮮奶油以及少許鹽巴跟胡椒調味。

# 鱸魚義式冷盤

把白肉魚的生魚片做成義大利風，再配上蔬菜增加豐盛感。

**材料／2人份**

鱸魚（生魚片用）　80g
洋蔥　1/8個
紫萵苣　2片
芝麻菜　少許
鹽．胡椒　各少許
A　美乃滋　1大匙
　　橄欖油　2/3大匙
　　檸檬汁　1/2小匙
　　鹽　1/4小匙
　　胡椒　少許
細蔥蔥花　適量
紅椒（切細末）　適量

1. 將鱸魚切薄片排放在盤子上，撒上鹽巴和胡椒。
2. 將洋蔥切成極細的絲之後快速用水清洗，瀝乾水分。紫萵苣則剝成容易食用的大小。
3. 把**2**放在**1**的正中央，再疊上芝麻葉。另外把蔥花與紅椒均勻撒上去增加色澤。
4. 混合A的醬汁，把烘焙紙摺出擠花袋的形狀，把醬汁裝進去後剪掉前端的部分，細細地擠在**3**上面。

## 俄羅斯酸奶燉牛肉

牛肉炒過之後先起鍋靜置一旁，是煮後依舊柔嫩的祕訣。

**材料／2人份**

牛腿肉薄片　180g
洋蔥　中型1/2個
蘑菇　6個
多明格拉斯醬（市售）　1/2杯
白酒　2大匙
鮮奶油　3大匙
檸檬汁　1小匙
優格（也可以準備酸奶油）　1大匙
鹽・胡椒　各適量
紅椒粉　2小匙
奶油　適量
荷蘭芹（切細末）　適量
溫熱的米飯　適量

1. 牛肉切成一口大小，撒上鹽和胡椒，再裹上紅椒粉。洋蔥、蘑菇切成薄片。
2. 把1/2大匙奶油加入平底鍋中加熱，用大火快速炒一下牛肉後起鍋。
3. 在一樣的平底鍋中加入1/2大匙的奶油，用中火炒洋蔥、蘑菇。
4. 在**3**中加入多明格拉斯醬、白酒、鮮奶油之後再把牛肉放回鍋子中快速煮一下，擠上檸檬汁，用少許鹽巴、胡椒調味。
5. 用盤子裝飯，把**4**淋上去再淋上優格，灑上荷蘭芹。

## 西式炸蝦

酥脆的麵衣與有著甜味的蝦子是絕配的組合。添加塔塔醬一起享用。

**材料／2人份**

蝦子（帶殼）　6尾
A｜美乃滋　2大匙
　｜水煮蛋（切細末）　1/2個
　｜酸黃瓜（切細末）　10g
鹽・胡椒　各少許
麵粉・蛋液・麵包粉　各適量
油炸用油　適量
萵苣　適量
櫻桃蘿蔔（如果有的話）（裝飾用）　2個

1. 混合A先製作好塔塔醬。蝦子保留尾巴和最後一節殼，其餘剝掉以及剔除腸泥，在腹部的側邊劃上4～5道刀痕。
2. 擦拭掉水分之後撒上鹽巴和胡椒，依序沾上麵粉、蛋液、麵包粉製作麵衣。
3. 將油炸用油加熱到170℃，把**2**放進鍋中炸到香脆。將剝好的萵苣、櫻桃蘿蔔擺放到盤子上，再把塔塔醬放在旁邊。

# 蛋包飯

在蛋半熟的時候就把火關掉，完成入口即化的柔軟口感。

**材料／2人份**

- 雞胸肉　120g
- 洋蔥　1/4個
- 青椒　1個
- 蛋　3個
- 飯　2碗
- A｜番茄醬　4大匙
  - 鹽　1/3小匙
  - 胡椒　少許
- 奶油　1大匙
- 沙拉油　適量
- 番茄醬　適量
- 荷蘭芹　適量

1. 雞肉、洋蔥、青椒分別切成1cm的見方。
2. 在平底鍋中加熱奶油用中火拌炒**1**，等到雞肉熟了後把飯弄散加進去炒到顆粒分明，再加入A一起拌炒後起鍋。
3. 分別製作1人份。把1/2大匙沙拉油倒進平底鍋中加熱，倒入一半已經打散的蛋液，用長筷快速畫圓攪拌，在半熟狀態下關火。在正中間放上**2**的一半，讓蛋好像要從上和下蓋起來一樣把雞肉炒飯包起來。
4. 整個反過來之後裝盤，利用烘焙紙來調整形狀，淋上番茄醬、擺上荷蘭芹。另1人份也用一樣的方法製作。

# 牛肝菌燉飯

把米跟義大利麵一樣煮到留下口感。加入乾燥的牛甘菌，品嘗簡單的味道。

**材料／2人份**

- 米　200ml
- 牛甘菌（乾燥）　6g
- 洋蔥　1/4個
- 橄欖油　1大匙
- 西式高湯　2杯左右
- 奶油　1大匙
- 起士粉（也可以準備帕瑪森起士）　1大匙
- 鹽　1/4小匙
- 胡椒　少許

1. 將牛甘菌用1/2杯水浸泡10鐘回復原狀，切成1cm的四方形（泡過牛甘菌的水留下備用）。把米快速洗過一次後用篩網瀝乾。洋蔥切成細末。
2. 在鍋中加入橄欖油用中火加熱拌炒洋蔥，稍微變透明之後加入米炒3分鐘，再加入牛甘菌。
3. 把**1**的牛甘菌水加上西式高湯變成2杯的量之後，倒2/3到鍋中，小火燉煮。分2～3次加入高湯水繼續煮大約20～25分鐘，煮到剩下一點米芯（al dente）為止。
4. 鍋子拿離開爐子之後加入奶油與起士粉攪拌，再加入鹽巴和胡椒調味。

## 蛤蠣巧達濃湯

融入了蛤蠣與蔬菜的美味，發源於美國東海岸的湯品。

**材料／2人份**

- 蛤蠣（帶殼．已吐沙）200g
- 培根　1片
- 馬鈴薯　1/4個
- 洋蔥　1/4個
- 紅蘿蔔　1/5根
- 白酒　1大匙
- 牛奶　2杯
- 奶油　15g
- 麵粉　1大匙
- 鹽．胡椒　各少許
- 荷蘭芹（切細末）適量
- 蘇打餅　適量

1. 將蛤蠣的殼互相摩擦搓洗，放進鍋子中加入白酒與1/2杯水。蓋上蓋子轉大火蒸3～4分鐘直到蛤蠣打開。蒸過的湯汁用篩網過濾之後留下來。
2. 把培根切成2cm的四方形。馬鈴薯、洋蔥、紅蘿蔔則切成2cm的四方形薄片。
3. 在別的鍋子中放入奶油加熱，把**2**放進去用中火拌炒直到全體變柔軟，再把麵粉撒進去繼續拌炒。分次地加入牛奶，再加入**1**的蛤蠣湯汁，用小火煮10分鐘。
4. 加入蛤蠣，再用鹽巴、胡椒調味。裝到器皿中之後，用手剝碎蘇打餅以及荷蘭芹再撒進去。

## 義式蔬菜湯

來自義大利加入義大利麵的湯品，利用豐富的配料來溫暖身體。

**材料／2人份**

- 培根　2片
- 高麗菜葉　2大片
- 洋蔥　1/4個
- 紅蘿蔔　1/5根
- 西洋芹　1/4根
- 馬鈴薯　1/2個
- 大蒜　1瓣
- 天使麵　20g
- 水煮番茄（罐頭）　60g
- 西式高湯　2杯
- 奶油　10g
- 鹽　1/3小匙
- 胡椒　少許
- 起士粉　適量

1. 把培根、高麗菜葉切成1cm的四方形。洋蔥、紅蘿蔔、西洋芹、馬鈴薯也切成1cm的見方。大蒜則是切成細末。
2. 在鍋中加熱奶油，用中火把**1**的材料炒約10分鐘，直到變柔軟。
3. 加入水煮番茄、西式高湯用小火煮15分鐘。加入折短的天使細麵再煮3分鐘，用鹽巴、胡椒調味。裝盤後撒上起士粉。

# 番茄肉醬義大利麵

將絞肉與洋蔥用番茄醬汁熬煮入味，深受歡迎的義大利麵。

**材料／2人份**

義大利麵（直徑1.6mm）　180g
牛絞肉　200g
大蒜（切細末）　1/2瓣
紅辣椒（切輪狀）　1/2根
洋蔥（切細末）　1/2個
紅酒　45ml
番茄醬汁（市售）　120g
西式高湯　1又1/2杯
起士粉　1大匙
橄欖油　2大匙
麵粉　2大匙
鹽・胡椒　各少許

a　b

1. 在鍋中倒入橄欖油、大蒜、紅辣椒用中火加熱（a），出現香味之後再加入絞肉用中火炒到變色。
2. 加入洋蔥炒到變軟，再撒入麵粉跟料拌炒在一起。
3. 加入紅酒、番茄醬汁、西式高湯（b），用小火熬煮30分鐘之後用鹽巴、胡椒調味。
4. 另外起一鍋，煮沸熱水之後加入鹽巴（熱水2ℓ對應需另外準備的1大匙鹽），再把義大利麵放入鍋中，按照包裝袋上所標示的時間去煮，用篩網撈起來後裝盤。
5. 在**4**倒入**3**的肉醬，再撒上起士粉。如果用帕馬森起士塊磨出的粉末的話，香味與口感都會大大不同。

大蒜與紅辣椒跟橄欖油一起放進鍋子中，用小火仔細地拌炒引出香味

義大利麵中留有一點芯的口感叫做al dente，就是煮到剛好的程度。

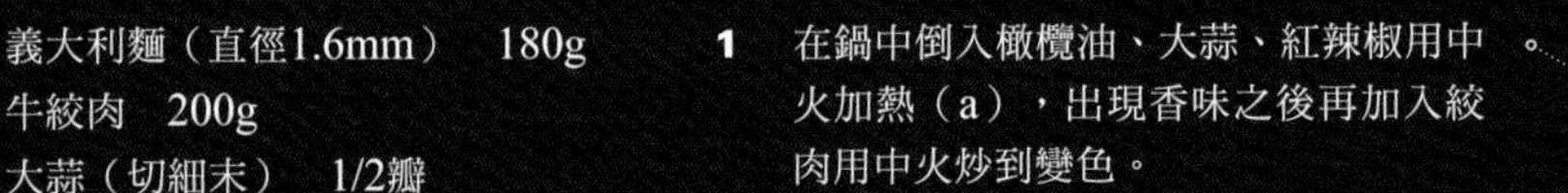

## 煙花女義大利麵

充滿橄欖油以及鯷魚美味的番茄醬義大利麵。

**材料／2人份**

義大利麵（直徑1.4mm）　180g
黑橄欖（去除種子）　10個
大蒜（切細末）　1瓣
紅辣椒（切細末）　1/2根
鯷魚（鹽漬）　2片
水煮番茄（罐頭）　100g
橄欖油　1又1/2大匙
白酒　2大匙
鹽・胡椒　各少許
義大利香芹　適量

1. 橄欖先切成輪片狀。在平底鍋中加入橄欖油、大蒜、紅辣椒用小火炒4～5分鐘。
2. 等到香味出現後，繼續炒橄欖與鯷魚，加入水煮番茄、白酒用中火熬煮4～5分鐘，用鹽巴、胡椒調味。
3. 另外起一鍋，煮沸熱水之後加入鹽巴（熱水2ℓ對應需另外準備的1大匙鹽），再把義大利麵放入鍋中，用比包裝袋上所標示再少1分鐘的時間去煮，用篩網撈起來。
4. 把**3**快速加入**2**中拌炒後裝盤，撒上義大利香芹。

## 培根蛋奶義大利麵

蛋與鮮奶油、起士不經過加熱，直接拌在麵中，可以享受到濃厚的口味。

**材料／2人份**

義大利麵（直徑1.6mm）　180g
培根（切成1.5cm）　30g
A｜蛋　1個
　｜蛋黃　1個
　｜鮮奶油　3大匙
　｜起士粉　1大匙
　｜鹽・粗黑胡椒粒　各少許
起司粉　1大匙
橄欖油　1大匙
粗黑胡椒粒　少許

1. 在平底鍋中倒入橄欖油加熱後再加入培根，用較弱的中火炒到香脆。
2. 在大碗中把A的料事先攪拌均勻。
3. 另外起一鍋，煮沸熱水之後加入鹽巴（熱水2ℓ對應需另外準備的1大匙鹽），再把義大利麵放入鍋中，按照包裝袋上所標示的時間去煮，用篩網撈起來。
4. 把**3**立刻移到**1**並且關火，加入A快速攪拌後裝盤，再撒上起士粉、黑胡椒。

## 白酒蛤蠣麵

蛤蠣濃郁的甜味充分地滲透到義大利麵中。

**材料／2人份**

義大利麵（直徑1.6mm）　180g
蛤蠣（帶殼・已吐沙）　250g
大蒜（切細末）　1瓣
紅辣椒（挖除種子）　1/2根
橄欖油　1大匙
白酒　1/4杯
鹽・胡椒　各少許

在鍋中倒入橄欖油、大蒜、紅辣椒用小火炒出香味之後加入蛤蠣，用中火快炒。
加入白酒與1/4杯水，蓋上蓋子蒸煮大約3分鐘，等到蛤蠣開口就關火。
另外起一鍋，煮沸熱水之後加入鹽巴（熱水2ℓ對應需另外準備的1大匙鹽），再把義大利麵放入鍋中，用比包裝袋上所標示再少2分鐘的時間去煮，用篩網撈起來。
把**3**迅速移到**2**的鍋中，加熱2分鐘，用鹽和胡椒調味。

## 紅蟳義大利細扁麵

切成大塊的螃蟹用來做成義大利麵，就能成為宴客時也可以端上桌的豪華一品。

**材料／2人份**

細扁麵　180g
紅蟳　1隻
大蒜（切細末）　1瓣
紅辣椒（切細末）　1/2根
番茄醬汁（市售）　1/2杯
西式高湯　1/3杯
橄欖油　1大匙
白酒　2大匙
鹽・胡椒　各少許

1. 把紅蟳切成較大的塊狀。
2. 在鍋中倒入橄欖油、大蒜、紅辣椒用小火炒出香味，加入紅蟳、白酒用中火炒熟。
3. 再加入番茄醬汁、西式高湯熬煮3分鐘後，用鹽巴、胡椒調味。
4. 另外起一鍋，煮沸熱水之後加入鹽巴（熱水2ℓ對應需另外準備的1大匙鹽），再把細扁麵放入鍋中，用比包裝袋上所標示再少2分鐘的時間去煮，用篩網撈起來。
5. 把**4**快速地移到**3**的鍋子中，用中火拌炒2分鐘。

# 青醬義大利麵

羅勒加上茼蒿打成泥，既濃厚又讓人上癮的味道。

**材料／2人份**

義大利麵（直徑1.6mm）　180g
羅勒　10g
茼蒿　40g
松子　15g
大蒜　1/2瓣
鮮奶油　2大匙
橄欖油　2大匙
起士粉　1/2大匙
鹽・黑胡椒　各少許

1. 松子先用平底鍋乾炒。茼蒿用鹽水燙3分鐘後切成粗末。
2. 用食物調理機把羅勒、茼蒿、松子、大蒜攪打成泥。再把鮮奶油、橄欖油一點一點地加入攪拌。移到大碗中，加入起士粉、鹽巴、胡椒混合均勻。
3. 另外起一鍋，煮沸熱水之後加入鹽巴（熱水2ℓ對應需另外準備的1大匙鹽），再把義大利麵放入鍋中，按照包裝袋上所標示的時間去煮，用篩網撈起來。
4. 將**3**立刻倒進**2**的大碗中攪拌後裝盤，加上需另外準備的羅勒裝飾。

# 伐木工人筆管麵

使用兩種以上的菇類享用有著濃郁風味的醬汁。

**材料／2人份**

筆管麵　180g
蘑菇　4個
鴻喜菇　1/2包
生火腿　30g
大蒜（切細末）　1瓣
紅辣椒（切細末）　1/2根
番茄醬汁（市售）　1/2杯
鮮奶油　2大匙
橄欖油　2大匙
鹽・胡椒　各少許
荷蘭芹（切細末）　少許

使用兩種以上的菇類，總共準備120g。

1. 將蘑菇切成細末。鴻喜菇附著的土清除之後切細末。生火腿切粗末。
2. 在平底鍋中倒入橄欖油、大蒜、紅辣椒、加入**1**用小火炒出香味。再加入番茄醬汁、鮮奶油熬煮3分鐘，再用鹽巴、胡椒調味。
3. 另外起一鍋，煮沸熱水之後加入鹽巴（熱水2ℓ對應需另外準備的1大匙鹽），再把筆管麵放入鍋中，按照包裝袋上所標示的時間去煮，用篩網撈起來。
4. 把**3**快速放進**2**的平底鍋中拌炒，裝盤撒上荷蘭芹。

# 千層麵

可以享受到白醬與番茄醬兩種風味的奢華義大利麵。用烤箱烤得酥香。

千層麵容易黏在一起，所以一邊攪拌一邊水煮

**材料／20×15cm瓷盤一個的分量**

千層麵　4片
起士粉　1大匙
橄欖油　2小匙
沙拉油　適量
肉醬
- 牛絞肉　100g
- A　洋蔥（切細末）　1/4個
  - 大蒜（切細末）　1瓣
- 紅酒　1/4杯
- 番茄醬汁（市售）　1/2杯
- 西式高湯　1杯
- 橄欖油　2小匙
- 麵粉　2小匙

白醬
- 麵粉．奶油　各40g
- 牛奶　2又1/4杯
- 鹽．胡椒　各1/3小匙

1. 製作肉醬。在鍋中加熱橄欖油，用中火炒A與絞肉，再撒麵粉炒到出現焦色為止。然後加入紅酒、番茄醬汁、西式高湯，用中火煮20分。
2. 製作白醬。拿另一個鍋子把奶油放進去開小火，加入麵粉炒約5分鐘直到顆粒感消失。將鍋底放到加了水的淺盤中冷卻。加入牛奶，開較強的中火攪拌，煮滾後轉小火繼續攪拌到出現濃稠感後加入鹽巴、胡椒。
3. 另外起一鍋，煮沸熱水之後加入鹽巴（熱水2ℓ對應需另外準備的1大匙鹽）與橄欖油，再把千層麵放進鍋中按照包裝袋上所標示的時間煮（a），用篩網撈起來。
4. 在焗烤專用盤中塗上沙拉油，按照順序疊上白醬、千層麵、肉醬、千層麵、白醬、千層麵、肉醬、千層麵、白醬（b）後，撒上起士粉。放進已經預熱到220℃的烤箱中烤13分鐘。

## 拿坡里義大利麵

加入番茄醬與香腸，另人懷念的義大利麵。

**材料／2人份**

義大利麵（直徑1.6mm） 180g
香腸　6條
蘑菇　4個
洋蔥　1/4個
青椒　1個
奶油　1大匙
番茄醬　4大匙
伍斯特醬　2/3大匙
起士粉　1大匙
鹽　少許
胡椒　適量

1. 在鍋中煮沸熱水之後加入鹽巴（熱水2ℓ對應需另外準備的1大匙鹽），再把義大利麵放入鍋中，用比包裝袋上所標示再少2分鐘的時間去煮，用篩網撈起來。
2. 香腸斜切成1cm長，蘑菇切成3mm寬，洋蔥與青椒切成7～8mm寬。
3. 在平底鍋中加熱奶油，用中火炒香腸、蘑菇、洋蔥、青椒。
4. 把義大利麵加入**3**的鍋子中後，倒入番茄醬、伍斯特醬拌炒2～3分鐘，讓醬汁跟料融合，加入鹽巴、胡椒調味。裝盤後，再撒上一點胡椒與起士粉。

## 番茄天使冷麵

炎熱季節時令人開心的冷義大利麵，使用的是細長形的麵條。

**材料／2人份**

天使細麵（直徑9mm）　160g
番茄　1個
鮪魚罐頭　50g
A｜大蒜（切細末）　1瓣
　｜番茄泥　1大匙
　｜蜂蜜　1/2大匙
　｜醋　1大匙
　｜橄欖油　1又1/2大匙
　｜鹽　1/4小匙
　｜胡椒　少許
鹽・胡椒　各少許
羅勒葉　6片

1. 番茄切成2cm見方。
2. 在大碗中加入番茄、稍微瀝乾湯汁的鮪魚、A之後均勻攪拌，放進冰箱冷藏。
3. 另外起一鍋，煮沸熱水之後加入鹽巴（熱水2ℓ對應需另外準備的1大匙鹽），再把天使細麵放入鍋中，按照包裝袋上所標示的時間去煮，用篩網撈起來。
4. 把**3**迅速地進泡到冰水中後，把水分瀝乾。倒入**2**的碗中攪拌，用鹽和胡椒調味。裝盤後擺上羅勒葉裝飾。

## 水煮青菜沙拉

多彩的溫暖蔬菜很清爽。

1 分別將彩椒（紅・黃）各1/2個、蕪菁1個、節瓜1/2根切成一口大小，用加入1小匙鹽巴的熱水燙3分鐘，再用篩網瀝乾。用菜刀壓碎一瓣蒜頭。
2 在大碗中放入月桂葉1片、紅辣椒1根、橄欖油2大匙、醋1大匙，充分攪拌後加入各少許的鹽巴、胡椒調味。
3 將熱呼呼的**1**與大蒜用**2**攪拌。

## 紅蘿蔔沙拉

在紅蘿蔔中加入葡萄乾的甜味。

1 將1根紅蘿蔔切細絲。葡萄乾20g用水快速清洗之後，瀝乾水分。
2 將沙拉油3大匙、醋1又1/2大匙、砂糖1小匙、鹽・胡椒各少許攪拌均勻後，拌入**1**。稍微靜置一段時間，等入味之後再享用。

## 西洋醃菜沙拉

因為利於保存，所以可以多做一些。

1 將白花椰菜1/4株分成小朵狀。再把小黃瓜1根、紅椒2個切成3～4cm長的短片狀。
2 在鍋中把醋・水各1/2杯、砂糖1大匙、鹽1/2小匙、醃漬香料2小匙煮滾後，把**1**放進去醃漬。雖然可以立刻食用，不過裝進密封容器放進冰箱冷藏2週左右風味更佳。

P86～87的料理材料全部都是2人份。

西式料理

# 華爾道夫沙拉

蘋果的甜味與核桃的咬勁是魅力所在。

1. 把3片高麗菜葉切絲之後，撒上少許鹽巴靜置，等到變軟之後用水清洗，再用力擠乾水分。5cm的西洋芹切成5mm見方，1/6個蘋果連皮切成3mm厚。10g的核桃切粗末。全部放進大碗中。
2. 在**1**的大碗中加入3大匙美乃滋，再加入各少許的鹽巴和胡椒調味。
3. 在盤中鋪上適量生菜後，把**2**放上去，再撒上適量的荷蘭芹碎末。

# 番茄高麗菜沙拉

把番茄當成杯子。充滿可愛感！

1. 2個中型番茄用熱水燙10秒之後把皮剝除，把蒂頭的周圍切掉，用湯匙把種子與肉挖掉。
2. 把1/6個洋蔥、2片高麗菜葉分別切成極細絲，加一點鹽巴搓揉，把水分擠乾後放進大碗裡。
3. 在**2**中，把稍微瀝乾湯汁的鮪魚罐頭80g倒進碗中弄散，加入橄欖油1大匙、檸檬汁1/3大匙、砂糖．鹽各1/3小匙、少許胡椒混合。
4. 在**1**的番茄杯中放入**3**，為了較好入口切成一半，和美生菜一起裝盤。

# 尼斯沙拉

加入鮪魚跟水煮蛋的尼斯風。

1. 5cm的西洋芹切成5mm寬，1/8的白花椰菜用加入少許鹽巴的熱水汆燙3分鐘後剝成小朵。另外把1/4個番茄切成角形。一個水煮蛋切成6等分的半月形。
2. 在盤中鋪上適量的生菜，再把**1**和6個綠橄欖、切成3等分的2片鯷魚放上去，在中間擺上稍微瀝乾水分的鮪魚60g。
3. 把2又1/2大匙橄欖油跟1大匙醋、芥末粒1/2小匙、鹽・胡椒各少許攪拌均匀。
4. 在**2**上淋上**3**的醬汁。

# 馬鈴薯沙拉

簡單地以美乃滋涼拌。

1. 把2個馬鈴薯切成3mm厚之後汆燙，用篩網瀝乾。將1/4根紅蘿蔔（30g）跟1/2條小黃瓜切薄片，撒上少許鹽巴等到變軟後用水清洗，再把水分擠乾。
2. 在大碗中加入3大匙美乃滋和各少許的鹽巴、胡椒後混合，加入**1**之後拌匀。

P88～89的料理材料全部都是2人份。

# 熱沾醬鮮蔬沙拉

乳化過的醬汁
有著絕妙的好味道。

1. 把彩椒（紅）1/2個跟1條小黃瓜切成好入口的大小，跟菊苣6片、紫萵苣4片一起裝盤。
2. 在小鍋子中加入2大匙橄欖油、大蒜（磨泥）10g、鯷魚泥5g、鮮奶油1又1/2大匙、鹽巴，胡椒各少許之後開小火，用小型打蛋器一邊攪拌，乳化醬汁。
3. 趁熱把**2**裝進容器中，用**1**沾取食用。



# 凱薩沙拉

把大蒜當成隱藏的調味料。

1. 在小鍋中把水煮沸，打一個蛋下去水煮，用筷子撥動讓蛋白跟蛋黃聚集在一起，用中火煮4～5分，製作半熟的水煮蛋。
2. 把蘿蔓萵苣1/2株剝成5cm的大小裝盤，再疊上**1**和2大匙麵包丁（市售）、帕瑪森起士（切薄片）10片。
3. 在大碗中放入大蒜（切細末）1小匙、檸檬汁1/2大匙、橄欖油2大匙、鯷魚泥5g之後，用小型打蛋器混合攪拌使之乳化。用各少許的鹽巴和胡椒調味後淋在**2**上。

# 希臘魚卵沙拉

放在法國麵包上面
也可以當成下酒菜！

1. 把1個馬鈴薯用水煮軟之後，用篩網瀝乾水分放進大碗中，再加入40g鱈魚子（已去膜）、橄欖油、美乃滋各1大匙、檸檬汁1小匙充分攪拌，再用各少許的鹽和胡椒調味。
2. 在4片切成薄片的法國麵包上分別塗上1/4的**1**，把適量的細葉香芹裝飾上去。

# 爐烤豬肉

雖然是
豪華的主餐菜色，
但是是用烤箱來製作
意外地不會太繁複。

**材料／4人份**

豬肩里肌肉塊　500g
馬鈴薯　2個
大蒜　1瓣
迷迭香　2枝
百里香　4枝
鹽　20g
粗粒黑胡椒　少許

有著獨特香氣，很適合用在肉料理上。雖然推薦使用新鮮的香氣比較濃，但如果沒有的話用乾燥的也可以

1. 馬鈴薯帶皮切成2半，大蒜切成薄片，迷迭香切成3cm長左右，百里香則是切細末備用。
2. 豬肉用手塗上鹽巴入味，再撒上胡椒。把大蒜、迷迭香、百里香沾在表面上靜置1小時。
3. 用中火加熱平底鍋，把**2**放入平底鍋中將表面煎出焦色。
4. 在烤箱的烤盤上鋪上烘焙紙，擺上豬肉、馬鈴薯。
5. 以預熱至200℃的烤箱烤30分鐘。

先用手把較多的鹽巴充分塗抹進豬肉中

# 西班牙海鮮燉飯

西班牙的經典料理。
如果使用燉飯鍋的話
就可以直接端上桌。



材料／4人份

米　2杯
雞腿肉　160g
蝦子（帶殼）　5尾
蛤蠣（帶殼・已吐沙）　5個
番茄（中）　1個
青椒　1/2個
洋蔥　1/2個
大蒜　1瓣
西式高湯　360ml
番紅花　少許
鹽・胡椒　各適量
橄欖油　適量

洗米時當成要把髒汙洗掉，只要快速地洗一次就夠了。

1　在西式高湯中加入番紅花，帶出顏色與香氣。
2　米快速地只洗一次就用篩網瀝乾。把雞肉的筋切斷之後切成大約一口大小的塊狀，撒上少許的鹽巴和胡椒。蝦子把腸泥剔除也撒上少許的鹽巴和胡椒。番茄切成8等份的角狀，青椒縱切成8等分。洋蔥與大蒜切成細末。
3　在燉飯鍋（沒有的話也可以用平底鍋）中加入2大匙橄欖油用中火加熱，拌炒洋蔥、大蒜，再加入雞肉、蝦子一起炒，直到出現焦黃色澤後從鍋中取出。
4　再加入1大匙的橄欖油，把米倒下去用中火炒。米開始變透明之後加入**1**以及1/3小匙鹽巴、少許胡椒攪拌。
5　把**4**從爐子上移開，把雞肉、蝦子、蛤蠣、番茄、青椒以放射狀排放上去，緊密地蓋上鋁箔紙。再次開火，以中火煮5分鐘，小火煮20分鐘讓料熟透。

# 西班牙蛋餅

大量使用馬鈴薯的西班牙風歐姆蛋。不管是配紅酒或啤酒都很適合。

**材料／4人份**

蛋　6個
馬鈴薯　1又1/2個
培根　2片
洋蔥　1/4個
沙拉油　適量
鹽　1/3小匙
胡椒　少許
極光醬
　美乃滋・番茄醬
　　各1又1/2大匙
荷蘭芹（如果有的話）　適量

用刨絲器把馬鈴薯刨成1mm厚的薄片。培根切成短片狀、洋蔥則切成薄片。

在平底鍋中倒入3大匙沙拉油用中小火加熱，把**1**炒到變軟。

跟蛋結合之前先把料炒熟

在大碗中把蛋打散，加入**2**混合，再加入鹽巴、胡椒攪拌。

**4**　在直徑18cm的平底鍋中加入2大匙沙拉油用中火加熱，把**3**全部倒進去。用長筷大力地攪動之後，煎4分鐘。

**5**　煎到焦黃後，蓋上盤子翻轉整個鍋子把蛋餅移到盤子上。再把盤子上的蛋餅放回平底鍋中，把另一面也煎到焦黃。裝盤，以荷蘭芹裝飾。混合美乃滋與番茄醬之後淋上蛋餅。

讓蛋餅像從盤子裡滑進去一般地回到平底鍋

## 紅酒燉牛肉

充份地燉煮，讓牛肉的甜味都滲透到醬汁中。蔬菜另外水煮。

**材料／2人份**

牛五花肉塊　300g
洋蔥　1/3個
西洋芹　4cm
大蒜　1瓣
A｜紅酒　3/4杯
　西式高湯　2杯
　多明格拉斯醬（市售）　100g
　番茄泥　1大匙
小洋蔥　4個
馬鈴薯　1個
紅蘿蔔　1/3根
麵粉　36g
鹽・胡椒　各適量
奶油　15g
荷蘭芹（如果有的話）　適量

1. 把牛肉切成容易入口的大小，撒上鹽巴與胡椒各少許，再裹上麵粉。洋蔥、西洋芹、大蒜切成粗末。
2. 在鍋中放入奶油用中火加熱，放入牛肉煎至出現焦色。再把洋蔥跟西洋芹、大蒜放進去一起拌炒。
3. 加入A煮滾之後用中火燉煮1小時，直到肉變柔軟為止。
4. 將馬鈴薯切成4等分之後用水浸泡。紅蘿蔔縱切成4等分。把小洋蔥、馬鈴薯、紅蘿蔔水煮到變軟為止。
5. 把**4**加到**3**中攪拌，用少許的鹽巴和胡椒調味。裝盤，放上香芹。

## 義式牛肉

義大利作法的牛排。撒上大量的帕瑪森起士。

**材料／2人份**

牛里肌肉塊　180～200g
芝麻菜　4株
帕瑪森起士（塊狀）　適量
鹽・胡椒　各適量
橄欖油　適量
義大利香醋　少許

1. 用手把鹽巴1/3小匙以及少許胡椒抹上牛肉。
2. 在平底鍋中倒入橄欖油1大匙用大火加熱，把**1**的兩面煎約4分鐘。
3. 把牛肉拿出鍋子，靜置10分鐘左右，從最旁邊開始切成容易入口的大小再裝盤，撒上一點鹽巴、胡椒。把芝麻菜放在旁邊，再放上削成薄片的帕瑪森起士。淋上少許橄欖油和義大利香醋。

# 美式烤肉餅

把材料反覆揉捏
直到產生黏性之後，
再用烤箱烤。
利用烘烤的時間製作醬汁。

**材料／20×10×8cm的磅蛋糕模型 1 個份**

綜合絞肉　400g
洋蔥（切細末）　1/2個
牛奶　1/2杯
麵包粉　50g
冷凍綜合蔬菜　80g
A｜蛋　1個
　｜鹽　1/2小匙
　｜胡椒．肉豆蔻　各少許
奶油　適量
綠蘆筍（用鹽水燙過）
　適量
醬汁的材料
　多明格拉斯醬（市售）
　　3大匙
　番茄醬汁（市售）
　　2大匙

1. 在平底鍋中加熱2小匙奶油，拌炒洋蔥直到變軟。用牛奶浸泡麵包粉，冷凍綜合蔬菜則用熱水燙1分鐘左右，把水分瀝乾。
2. 把綜合絞肉與**1**、A放進大碗中，用手仔細揉捏到產生黏性。
3. 在模型的內側塗抹上少許奶油，把**2**放進模型中用下壓方式把模型填滿，把中間壓凹。以預熱到180℃的烤箱烤約30分鐘。用竹籤刺刺看，如果流出清澈肉汁就完成了。
4. 把醬汁的材料倒進平底鍋用中火加熱，加入2小匙奶油後熄火。
5. 切成容易入口的大小後裝盤，淋上**4**的醬汁。把切成4～5cm長的蘆筍裝飾在旁邊。

一邊按壓一邊把模型的四個角落都確實填滿

# 香料煎雞排

沾上麵包粉煎到香酥。外表宛如青蛙也很有趣。

**材料／2人份**

雞腿肉　200g
鹽・胡椒　各少許
芥末子　15g
A｜麵包粉　4大匙
　｜荷蘭芹（切細末）　1/2大匙
　｜大蒜（切細末）　小的1瓣
　｜起士粉　1大匙
　｜鹽・胡椒　各少許
沙拉油　2/3大匙
充填過的橄欖（切成輪片狀）　4片
櫻桃蘿蔔（如果有的話）　適量

1. 用菜刀把雞肉劃開讓厚度均等，再切成2等分，撒上鹽巴、胡椒。把沙拉油倒入平底鍋中用中火加熱，放入雞肉煎到兩面呈現焦黃色澤。
2. 取出雞肉後，在皮的那一面塗上芥末子，再鋪上已經混合好的A。用預熱到200℃的烤箱烤10分鐘。
3. 裝盤，把橄欖當作青蛙的眼睛裝飾上去，再把櫻桃蘿蔔放在旁邊。

# 酥皮鮭魚派

如果有冷凍派皮的話，就算是派料理也可以輕鬆完成。推薦選擇容易熟的鮭魚。

**材料／2人份**

鮭魚（切片）　2片
A｜鴻喜菇　50g
　｜洋蔥　25g
　｜紅蘿蔔　20g
冷凍派皮（15×10cm）　4片
鹽　1/3小匙
百里香・胡椒　各適量
奶油　10g
蛋黃　少許

1. 把生鮭魚裹上鹽巴、胡椒、百里香。把A的青菜都切成5cm長的細絲。把奶油加入平底鍋中用中火加熱，拌炒A直到變軟。
2. 把擦乾水分的鮭魚以及蔬菜各1/2的量放在一片派皮上，在邊緣塗上蛋黃後，再把另一片派皮蓋上去壓緊密合。
3. 用刀子把**2**切出魚的形狀，刻上魚鱗、鰭以及尾巴等形狀，再用切下的派皮做成眼睛。剩下的也用一樣方法製作。在全體的表面上塗抹上蛋黃，用預熱到200℃的烤箱烤15分鐘。

## 法式鹹派

法國洛林區的鄉土料理。可以享受培根與起士的濃厚風味。

**材料／直徑 16cm 的塔模型 1 個份**

蛋　2個
蛋黃　1個
牛奶　1/2杯
鮮奶油　3/4杯
培根（切成1cm寬）　40g
格魯耶爾起士（切細絲）　30g
鹽　1/3小匙
胡椒・肉豆蔻　各少許
冷凍派皮（直徑22cm）　1片

1. 把冷凍派皮鋪在塔模型的內側，派皮在烤的時候會往內縮，所以留高出邊緣5mm左右，放進冰箱中靜置1小時。
2. 把模型取出來之後，把派專用的烘焙重石壓在上面，用預熱到200℃的烤箱烤10分鐘。
3. 用中火加熱平底鍋，不加油的去煎炒培根。
4. 在大碗中把蛋跟蛋黃打散，加入牛奶與鮮奶油混合，再加入鹽巴、胡椒、肉豆蔻攪拌。
5. 在**2**上面平均地放上培根、起士後倒入**4**。用預熱到170℃的烤箱烤15～20分鐘。

## 義式水煮魚

先把魚貝類煎過再煮的義大利料理。酸豆的風味很明顯。

**材料／4 人份**

石狗公　1尾
海瓜子（帶殼・已吐沙）　300g
小番茄　12個
大蒜（切薄片）　1瓣
酸豆　12個
黑橄欖　6個
鹽・胡椒　各少許
麵粉　2大匙
橄欖油　3大匙
A｜白酒　60ml
　｜水　1杯
義大利荷蘭芹　適量

1. 將海瓜子的殼互相摩擦清洗乾淨，把小番茄縱切一半。
2. 將石狗公的內臟以及魚鱗去除，用水清洗後把水分吸乾。撒上鹽巴、胡椒之後裹上一層薄薄的麵粉。
3. 把橄欖油倒進鍋子（或平底鍋）用中火加熱，把石狗公的兩面煎出淺淺的焦黃色澤。把大蒜、小番茄、酸豆、橄欖也一起加進去煎。
4. 把A加入**3**中，煮滾後轉中火，加入海瓜子煮到開口為止。撒上義大利荷蘭芹。

## 魚貝類的事先準備②

在日式、西式、中式都被廣泛運用的蝦子與花枝。來學習這些日常食材的事先準備方法吧。

### 蝦子

#### 去除腸泥

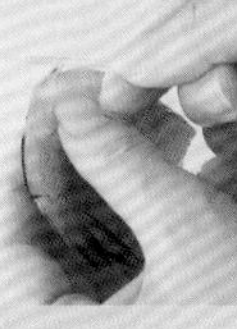
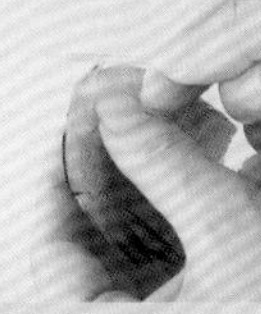

把殼剝掉後，利用竹籤等工具把腸泥剔除。如果需要帶殼料理的話，把竹籤從側面刺進去就能剔除。第2～3節的地方比較好去除。

### 花枝

#### 頭身分離

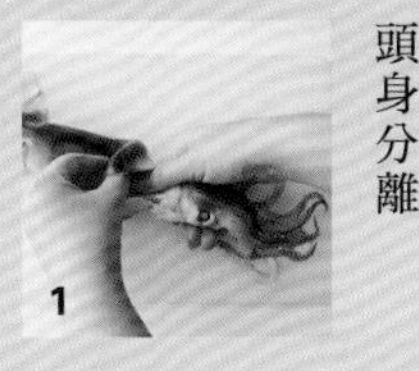

1 手指插進身體中，把頭跟身體連接的地方分開。把身體打開，將頭拉出來。

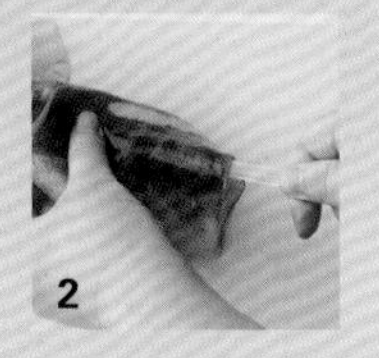

2 拉除身體裡殘留的軟骨。

#### 切除分開

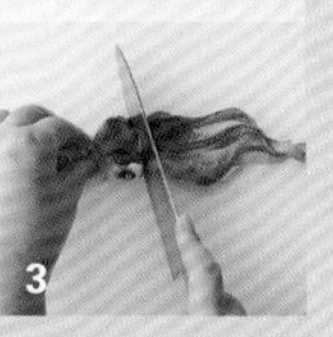

3 把眼睛跟足部之間切開，把藏在足部之間的嘴部（口）切除。

#### 剝除身上的皮

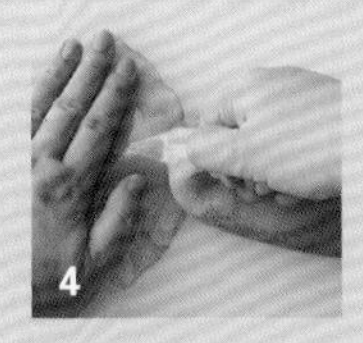

4 按壓住鰭的部分，用手把身體前端分開。接著就把鰭跟身體分開，把皮剝掉。

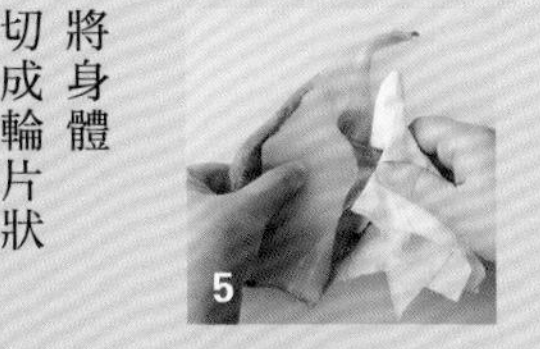

5 身體上剩餘的皮用廚房紙巾等剝除。

#### 將身體切成輪片狀

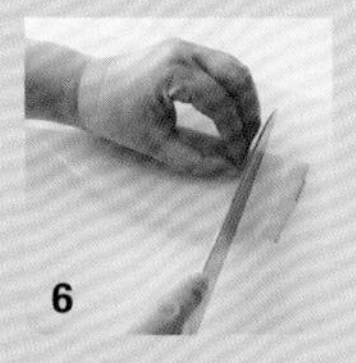

6 下面的薄皮也剝掉之後，把身體的前端切掉。切成1cm寬的輪片狀。（P75的「酥炸花枝圈」等等）。

## 高湯的基本作法

日式、西式、中式三種料理味道基底的高湯基本作法。3種都是水煮的作法。

### 日式高湯

為了在家中製作所想出的極簡便高湯製造方法。

**材料／完成後約2又1/2杯**

昆布（15cm×5cm）1片（10g）
柴魚片　15g
水　2又1/2杯（500mℓ）

1 把全部的料丟進鍋中，開火用中小火煮3分鐘。

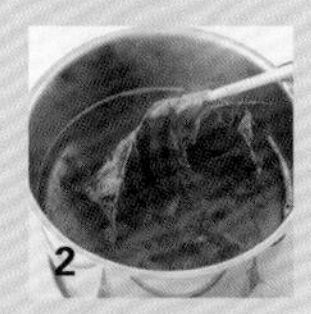

2 沸騰之後快速攪拌一下，轉成小火再煮3分鐘。

3 在大碗中放入鋪有厚廚房紙巾的篩網，過濾高湯。

### 西式高湯

月桂葉的香氣是很重要的。用量少時可以用固體或顆粒狀的高湯粉代替。

**材料／完成後約10杯**

雞骨頭　1隻
紅蘿蔔．洋蔥帶皮的部分　各50g
月桂葉　1片
水　2ℓ（10杯）

1 把所有材料放進鍋子之後，開火。

2 沸騰之後轉小火，一邊撈除浮沫一邊煮30分鐘。取出雞骨、紅蘿蔔、洋蔥、月桂葉。

3 在大碗中放入鋪有厚廚房紙巾的篩網，過濾高湯。

### 中式高湯

使用雞骨的話，口味就會一下子變正統。用量少時可以用顆粒狀的雞湯粉代替。

**材料／完成後約10杯**

雞骨　1隻
蔥（綠色部分）1根
薑帶皮的部分　30g
水　2ℓ（10杯）

1 把所有材料放進鍋子之後，開火。

2 沸騰之後轉小火，一邊撈除浮沫一邊煮30分鐘，取出雞骨、蔥、薑。

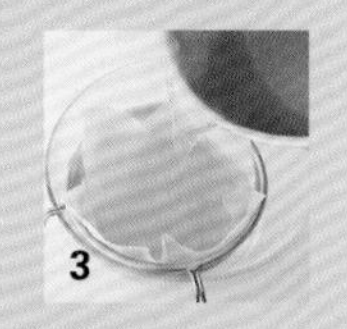

3 在大碗中放入鋪有厚廚房紙巾的篩網，過濾高湯。

**◎ 如何保存**

（所有的高湯和湯品都一樣）裝入密封容器中冷藏可保存2天。冷凍的情況下，分裝成每次要使用的分量，在2週內使用完畢。

# 中華料理

中華料理很下飯又可以吃到很多蔬菜，在這裡主要公開由非常喜歡中華料理的我所嚴選出來的，在課堂上很受歡迎的食譜。都是市售的現成料理調味包中不會出現的正統中國菜。話雖如此，因為都是只要用平底鍋炒或煮就可以製作的簡單作法，所以在家中也能輕鬆完成。除了煎餃、回鍋肉、油淋雞等等大家耳熟能詳的菜色之外，中式的豪華宴客菜也值得注意。在這裡也詳細介紹了叉燒肉、什錦鍋巴等很難掌握訣竅的菜色。

中華料理 BEST 5

# 煎餃

充滿了白菜、蔥、韭菜等豐富的蔬菜。煎得香酥的外皮非常刺激食慾。

**材料／2～3人份**

餃子皮　20片
白菜葉　大的1片
蔥　5cm
韭菜　1/2把（60g）
蒜頭　1瓣
豬絞肉　100g

A｜砂糖・水・太白粉・芝麻油・醬油　各2/3大匙
　｜鹽・胡椒　各少許
芝麻油　適量
辣油・醋・醬油　各適量

### 菜單規劃的重點

推薦搭配黑木耳與小黃瓜的中華風沙拉，或者是豆芽菜沙拉等等。有著以清爽酸味為重心的配菜很不錯呢。



**1**

### 揉搓混合餡料

白菜用熱鹽水汆燙過，切成細末。蔥、韭菜、大蒜也切成細末。在大碗中放入白菜、蔥、韭菜、大蒜、豬絞肉、A，用手充分揉搓直到產生黏性。

先燙過白菜，在煎的時候就不會出水

**2**

### 用水沾濕餃子皮

左手拿一片餃子皮，用手指沾水塗在皮的邊緣。

**3**

### 包內餡

把內餡放在正中間，在皮上折出一個個皺摺之後包起來。剩下的也是同樣的包法。

**4**

### 煎餃子

在平底鍋中加熱1小匙芝麻油，排入餃子後用中火煎。把皮煎出焦黃色澤就OK了。

如圖出現焦黃色澤之後就可以進行悶煎

**5**

### 進行燜煎

以畫圓方式倒入1/2杯水，蓋上蓋子用中火燜煎8分鐘。有時要前後移動一下鍋子以免餃子黏住鍋底。

**6**

### 加入芝麻油

水氣蒸發完畢之後就可以打開蓋子，以畫圓方式淋上1小匙芝麻油，用中小火把底部煎到酥脆為止。裝盤，在一旁放上混合辣油、醋、醬油當沾醬。

把盤子蓋在平底鍋上，將平底鍋整個倒扣裝盤

# 回鍋肉

豬肉的脂肪與味噌
都沾裹在高麗菜上，
是很下飯的
一道中華料理。

## 菜單規劃的重點

搭配清爽的涼拌蔬菜，或是能凸顯蔥、薑、蒜風味的料理。中式蛋花湯也不錯。

**材料／2人份**

豬五花肉薄片　150g
高麗菜　250g
青椒（紅・綠）　各1個
蔥・薑・大蒜（切細末）　各少許
沙拉油　適量
甜麵醬　1又1/2大匙
豆瓣醬　1又1/2小匙

A｜酒・醬油・砂糖　各2/3大匙
　｜胡椒　少許

太白粉水｜太白粉　1又1/2小匙
　　　　｜水　1大匙

以麵粉為原料的中國味噌，使用八丁味噌也可以

把蒸過的蠶豆發酵之後，加入辣椒等調味料的東西

### 1 先把材料切好

豬肉切成1口大小，青椒、高麗菜大略切成4cm的片狀。

食材的大小統一，視覺上看起來也比較高雅

### 2 煎豬肉

沙拉油倒入平底鍋中加熱，把豬肉片鋪進鍋子中，用中火快炒之後取出。

豬肉炒過之後先拿出來等一下再放進去，免得豬肉變硬，

### 3 炒蔬菜

接著在平底鍋中加入1小匙沙拉油、蔥、薑、大蒜，用小火拌炒，散發出香味之後再加入高麗菜、青椒用大火快炒混合。

在香料蔬菜散發出香味之前都用小火慢炒

### 4 加入調味料

加入甜麵醬與豆瓣醬跟蔬菜一起拌炒。

### 5 加入太白粉水

加入豬肉之後快速攪拌，再倒入A一起拌炒。在小容器中混合太白粉水，順時鐘倒入鍋中，充分攪拌讓整體產生黏稠度。

用鐵製平底鍋或是中華炒鍋製作完成時冒出熱騰騰的蒸氣，打造出專家般的味道！

# 麻婆豆腐

滑嫩的豆腐
搭配刺激的辛辣感恰到好處。
中國料理中的
代表名菜。

**材料／2人份**

| | |
|---|---|
| 絹豆腐 | 1塊（300g） |
| 豬絞肉 | 80g |
| 沙拉油 | 1/2大匙 |
| 豆瓣醬 | 1又1/2小匙 |
| 甜麵醬 | 1大匙 |
| A | 豆豉（切細末）・醬油・酒 各2/3大匙<br>味醂 1/2大匙 |
| 中式高湯 | 1杯 |
| 太白粉水 | 太白粉 2/3大匙<br>水 1大匙 |
| 蔥（切細末） | 5cm |
| 花椒 | 少許 |

山椒果實的皮，帶著麻感的辣味是它的特徵

### 菜單規劃的重點

請搭配蔬菜為配菜。涼拌西洋芹和高麗菜、洋蔥、紅蘿蔔的沙拉，中式甜醋醃白蘿蔔，中國的醃漬小菜、泡菜都是絕配。

中華料理

**1**

### 瀝乾豆腐水分

把豆腐放在篩網上大約15分鐘左右，瀝乾水分。

**2**

### 切豆腐

將豆腐切成一半，再切成1.5cm見方的小塊。

**3**

### 拌炒絞肉

在平底鍋中用中火加熱沙拉油，把絞肉放進鍋中時注意不要炒散，用鏟子一邊壓平一邊煎，出現焦色之後再將絞肉撥散繼續炒，再加入豆瓣醬、甜麵醬拌炒在一起。

一開始一邊壓平一邊充分地煎絞肉，這樣一來就減少肉的腥味

**4**

### 把豆腐加入醬汁中

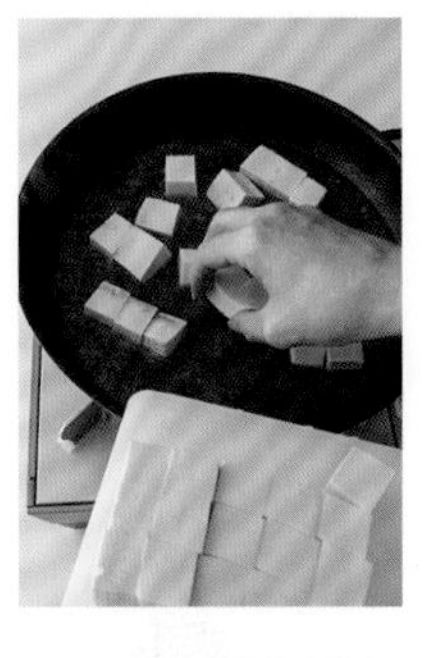

加入中式高湯、A攪拌，煮滾了之後再加入豆腐熬煮5分鐘左右。

**5**

### 加入太白粉水

在小容器中混合太白粉水，順時鐘倒入鍋中，充分攪拌讓整體產生黏稠度。裝盤後撒上蔥、花椒。

太白粉水會立刻沉澱，所以倒進去之前要再次攪拌。一點一點加入滾起來的地方，一邊確認稠度

# 棒棒雞

在鍋中仔細地水煮過
充滿彈性又多汁的雞肉上，
淋上以芝麻為基底的
棒棒雞醬。

## 菜單規劃的重點

因為主菜是冷的，就加入溫暖的湯品來取得平衡吧。很適合搭配中式的玉米濃湯或是中式蛋花湯等等，味道有一點濃厚的湯品。

**材料／2人份**

雞腿肉　150g
蔥（綠色部分）　1根
薑的皮　少許
小黃瓜　1條
蔥（切細末）　5cm
薑（切細末）　1片

A
芝麻醬・醬油　各1又1/2大匙
砂糖　2/3大匙
醋　2小匙
辣油　1小匙

櫻桃蘿蔔（切薄片）　適量

磨碎白芝麻後成醬狀的東西。也可以用白芝麻泥來代替

**1 汆燙雞肉**

在鍋中放入雞肉、蔥（綠色部分）、薑的皮，以及大量的水之後用大火煮，煮滾後轉小火再煮10分鐘。雞肉連同湯汁一起放涼。

煮完後別取出，放在鍋中冷卻，保持柔軟膨鬆的口感

**2 切雞肉**

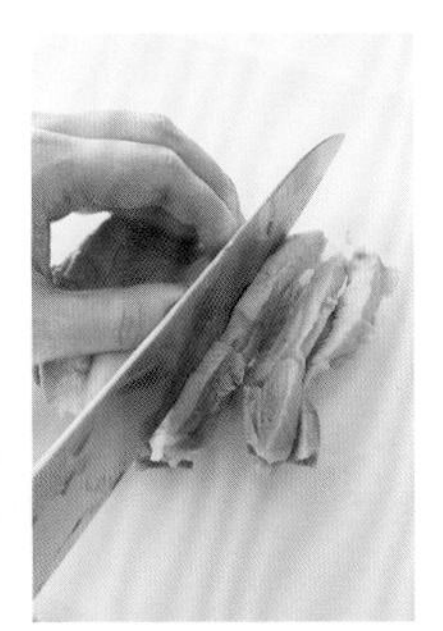

取出雞肉之後，切成5mm的細條狀。

**3 切小黃瓜**

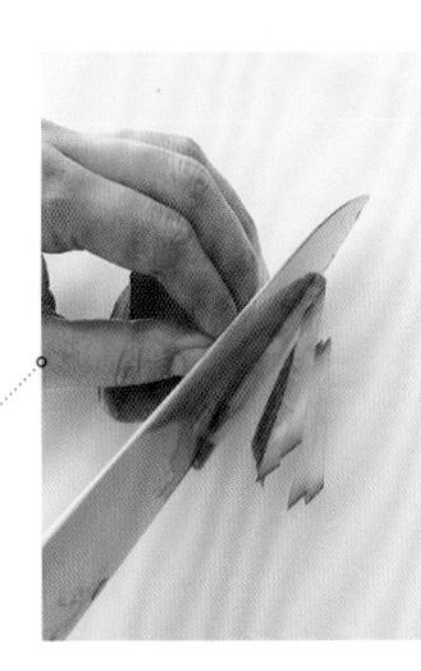

將小黃瓜斜切成3mm寬的細長薄片，重疊5～6片切成3mm寬的細絲。

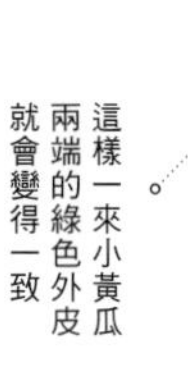

這樣一來小黃瓜兩端的綠色外皮就會變得一致

**4 混合醬汁**

在大碗中混合A，再加入蔥、薑攪拌。

**5 淋上醬汁**

將雞肉跟小黃瓜裝盤，淋上**4**的醬汁。把櫻桃蘿蔔裝飾在旁邊。

# 乾燒蝦仁

包裹著又甜又辣的醬汁，
可以盡情感受到
蝦子美味的一品。

**材料／2人份**

蝦子（帶殼）　14尾

A｜太白粉　2小匙
　｜鹽　1/3小匙
　｜蛋　1/2個

蔥（切細末）　5cm

薑（切細末）　1小片

B｜番茄醬　1大匙
　｜醬油・酒　各2/3大匙
　｜豆瓣醬・砂糖　各2小匙
　｜鹽　1/3小匙
　｜胡椒　少許
　｜太白粉　2小匙
　｜水　1/2大匙

沙拉油　1大匙

### 菜單規劃的重點

可以搭配用白菜或青椒、紅蘿蔔等冰箱裡會有的蔬菜，用中式高湯快速燉煮過的菜色。或是加入少許豬肉一起拌炒的菜也很好吃喔。

中華料理

**1 在蝦子身上劃上刀痕**

蝦子的殼不要剝掉，只去除腳的部分。在背上劃上刀痕，把腸泥剔除。

蝦子的殼也很美味，所以連同殼一起炒

**2 沾上蛋液**

在大碗中均勻混合A。打開蝦子的背部，一邊沾上A一邊加入碗中。

**3 用蛋液搓揉**

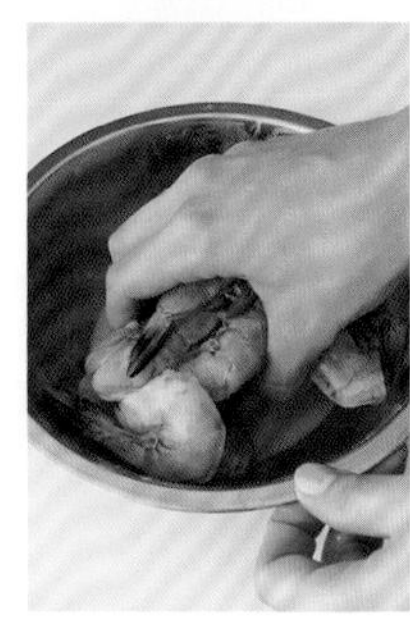

把蝦子全部加入碗中之後，用手揉搓A。特別是把太白粉弄散，均勻地沾裹到全部蝦子。

**4 炒蝦子**

先在另一個碗中把B混合好。在平底鍋中加熱沙拉油，用大火拌炒蝦子。

帶殼的蝦子就算炒了之後肉也不會縮起來。這也是好處之一！

**5 沾裹上調味料**

當蝦子變色煮熟了之後，把B加進去讓蝦子都沾裹到。裝盤後撒上蔥、薑。

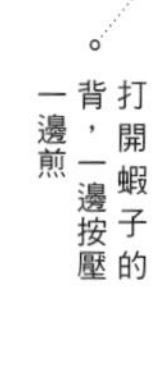
打開蝦子的背，一邊按壓一邊煎

# 糖醋里肌

豬肉先沾裹粉，煎得酥香之後再裹上糖醋芡汁。

**材料／2人份**

厚切豬里肌肉　200g
乾香菇　2片
洋蔥　1/4個
青椒　1個
鳳梨（罐頭・切成輪片狀）　1片
紅蘿蔔　1/3根
A｜醬油　1小匙
　｜鹽・胡椒　各少許
太白粉　1小匙
沙拉油　適量
B｜醬油・醋・砂糖・
　｜番茄醬・太白粉
　｜各1大匙
　｜中式高湯　1/2杯

1. 乾香菇用水泡發之後去除蒂頭，切成一口大小。洋蔥、青椒、鳳梨也切成一口大小。紅蘿蔔切一口大的滾刀塊，用水燙約7分鐘後瀝乾水分。
2. 豬肉切成3cm四方形×1cm厚，豬肉和A用手搓揉在一起，裹上太白粉。
3. 把1大匙沙拉油倒進平底鍋中用大火加熱，大火炒豬肉直到兩面出現焦黃色澤（a），然後從鍋子中取出。
4. 再次加入1大匙的沙拉油到一樣的平底鍋中用大火加熱，倒入香菇、洋蔥、青椒、紅蘿蔔後炒大約3分鐘（b），把鳳梨和**3**的豬肉放回鍋中，加入B，煮滾一次以製造稠度。

用油炸的很花時間，只要用多一點的油來炒，就可以很美味地完成

想要保留洋蔥以及青椒清脆的口感，所以不要炒太久

a　b

## 中式豬肉炒海瓜子

從海瓜子產生的湯汁與豬肉搭配完成，有著強烈美味的拌炒菜色。

**材料／2人份**

豬五花肉薄片　100g
海瓜子（帶殼・已吐沙）　200g
紅椒　1/2個
大蒜的莖　80g
大蒜・薑（切細末）　各1小片
鹽・胡椒　各少許
A｜酒　2/3大匙
　｜醬油・蠔油　各1/2大匙
　｜砂糖・胡椒　各少許
沙拉油　2小匙

1. 豬肉切成1口大小，撒上鹽巴、胡椒備用。將海瓜子的殼互相摩擦清洗乾淨。紅椒切成1口大小，大蒜的莖切成3～4cm長，用熱水燙20秒後用篩網瀝乾。把A事先拌好。
2. 把沙拉油倒入平底鍋中用大火加熱，炒豬肉直到變色為止。加入海瓜子之後快炒在一起。
3. 按照順序加入大蒜、薑、大蒜的莖、紅椒拌炒，再加入A攪拌。蓋上蓋子轉中火，蒸煮到海瓜子開口為止。

## 油淋雞

炸得香脆的雞肉上，淋上充滿薑蔥等香辛料蔬菜的醬汁。

**材料／2人份**

雞腿肉　250g
A｜醬油・蛋液・太白粉　各2/3大匙
B｜醬油・醋・砂糖　各2大匙
　｜蠔油　1小匙
　｜薑（切細末）　1小片
　｜蔥（切細末）　1/2根
　｜大蒜（切細末）　1/2瓣
　｜荷蘭芹（切細末）　1大匙
　｜鹽・胡椒　各少許
太白粉　適量
油炸用油　適量

1. 雞肉切成較大的一口大小，放入大碗中加入A，用手充分搓揉後靜置15分鐘。事先在碗中把B攪拌均勻。
2. 將油炸用油加熱到175℃，把**1**的雞肉裹上太白粉，放進油鍋中炸到酥脆為止。
3. 炸好之後立刻淋上B的醬汁，連同醬汁一起裝盤。

**材料／2人份**

帶骨雞肉切塊　300g
去皮栗子　10個
竹筍（水煮）　50g
乾香菇　2片
蔥・薑（切細末）　各少許
豌豆莢　6片

去皮栗子使用自然解凍後的冷凍產品也沒關係

A｜甜麵醬・醬油　各2小匙
｜酒・砂糖　各1大匙
｜味醂　1又1/2大匙
｜中式高湯　2杯
｜鹽・胡椒　各少許
沙拉油　1大匙

1. 乾香菇用水泡發之後切掉蒂頭。竹筍切成較大的一口大小，事先把A混合好。
2. 把沙拉油倒進平底鍋用大火加熱，拌炒雞肉。等雞肉炒到變色之後加入蔥、薑炒在一起，再加入竹筍、香菇快炒。
3. 加入A煮滾後加入栗子（a）。蓋上落蓋用較弱的中火煮30分鐘左右。加入豌豆莢混合，再煮2～3分鐘。

一開始就先炒，就算不用鍋子只用平底鍋也可以輕鬆完成

a

# 栗子燒雞

帶骨的雞肉跟栗子一起燉煮到鬆軟。滋味濃厚的燉菜。

## 中式茶碗蒸

加入蝦子以及火腿等等，用大容器蒸出柔軟滑嫩的蒸蛋。

**材料／2人份**

蛋　2個
蝦子　4尾
火腿　2片
細蔥蔥花　10g
A｜醬油　1/2小匙
　｜味醂　1小匙
　｜中式高湯　2杯
　｜鹽・胡椒　各少許

1. 把蝦子的殼剝掉去除腸泥，尾巴跟腳也拔掉，切成1cm見方。火腿切成粗末。
2. 在大碗中把蛋打散，加入A攪拌。用篩網過濾之後倒入耐熱容器中，把蝦子、火腿、細蔥蔥花分別加入3/4的量混合進去。
3. 蒸鍋中的水蒸氣冒出來之後，把**2**放進蒸鍋中，用大火蒸4分鐘後再轉較弱的中火蒸10分鐘。
4. 打開蓋子，放入剩下的蝦子、火腿、細蔥蔥花，再蒸1～2分鐘。用竹籤戳下去如果浮出清澈的湯汁就完成了。

## 韭菜炒雞肝

確實地把肝的血水去掉，含有豐富鐵質的雞肝就變成可以大快朵頤的佳餚了。

**材料／2人份**

雞肝　150g
韭菜　1/3把
竹筍（水煮）　40g
紅蘿蔔　1/4根（40g）
A｜酒・醬油　各1小匙
麵粉　1/2大匙
B｜醬油　2/3大匙
　｜砂糖・豆瓣醬　各1小匙
　｜紅辣椒（切薄片狀）　1/2根
　｜鹽・胡椒　各少許
沙拉油　適量

1. 如果雞肝上有脂肪的話，先去除脂肪，切成1口大小的薄片，泡水30分鐘把血水洗掉。韭菜切成5cm長。竹筍切成5cm長的細條狀，紅蘿蔔切成5cm長的短片狀。事先攪拌好B。
2. 把雞肝加入A，用手搓揉入味，裹上麵粉。
3. 把沙拉油1/2大匙倒進平底鍋中用中火加熱，翻炒雞肝約4分鐘左右之後取出。
4. 快速洗過同一個平底鍋後，再倒入1/2大匙沙拉油用大火加熱，炒竹筍與紅蘿蔔。炒到變軟之後再把雞肝放回鍋中，加入韭菜、B一起拌炒。

## 生魚片中式沙拉

白肉魚的生魚片搭配上清脆的水菜，以及炸餛飩皮、堅果的組合。

**材料／2人份**

鱸魚（生魚片）　80g
水菜　1/4把（130g）
紅蘿蔔　1/6根（15g）
蔥（切絲）　10cm
餛飩皮　6片
鹽　1/5小匙
芝麻油　少許
油炸用油　適量
A｜醬油・醋・芝麻油　各1/2大匙
花生（切細末）　1大匙

將鱸魚切成薄片，撒上鹽巴、芝麻油。將水菜切成5cm長、紅蘿蔔切成4cm的細絲。
將餛飩皮切成1cm寬。把油炸用油加熱到170℃之後，將餛飩皮炸成淡淡的金黃色。
將水菜、紅蘿蔔、蔥裝盤，再疊上鱸魚，撒上餛飩皮。把A拌勻後淋上去，再撒上花生。

## 水餃

用市售的水餃皮也可以，但是如果自己手工製作水餃皮的話，Q彈口感的皮就成了主角。

**材料／2人份**

豬絞肉　150g
高麗菜葉　2片
韭菜　10根
A｜薑（切細末）1片（10g）
｜鹽　1/4小匙
｜醬油・味醂　各1小匙
B｜醬油・醋　各1大匙
｜辣油　1又1/2小匙
餃子皮｜高筋麵粉　120g
｜低筋麵粉　60g
｜鹽　1/5小匙（1g）
｜水　110mℓ

1. 製作餃子皮。在大碗中混合高筋麵粉、低筋麵粉以及鹽巴，加水用手揉搓成麵糰。用保鮮膜包起來靜置30分鐘醒麵後，切成20等分，桿成圓形。
2. 高麗菜先用熱水汆燙，跟韭菜一起切成粗末。在大碗中放入豬絞肉、高麗菜、韭菜和A之後用手攪拌均勻，分成20等分。
3. 把**2**的餡料放在餃子皮上，按壓最旁邊把餡包起來。剩下的也是一樣的作法。
4. 在鍋中煮沸熱水，將**3**煮5～6分鐘。裝盤之後，把B混合用來當作沾醬放在旁邊。

**材料／2人份**

綠色花椰菜　1/2株
螃蟹（罐頭）　50g
番茄（已剝皮）　1/4個
蛋白　2個
沙拉油　1大匙
A｜酒　1大匙
　｜鹽　1/3小匙
　｜胡椒　少許
　｜水　1/3杯
太白粉水｜太白粉　1/2大匙
　　　　｜水　1大匙

1. 把綠色花椰菜分成小朵狀。螃蟹把肉的部分弄碎。番茄挖掉種子，切成1cm見方。
2. 把沙拉油倒入平底鍋中用大火加熱，炒花椰菜約1分鐘。加入1/2杯水之後蓋上蓋子用大火蒸煮1分鐘。拿出來在盤子上排成圓形。
3. 快速擦拭平底鍋，將A煮滾後加入螃蟹、番茄。再次煮滾之後，以畫圓方式倒入太白粉水製造稠度。把蛋白打散以畫圓方式倒進鍋中，盛裝在**2**的盤子中央。

**材料／2人份**

韭菜　1/2把
豆芽菜　100g
西洋芹　1/3根（30g）
紅蘿蔔　1/4根（30g）
青椒　2個
冬粉（乾燥）　10g
豬肉薄片　50g
薑　1片
A｜鹽　1/3小匙
　｜砂糖　2/3小匙
　｜醬油　1小匙
　｜胡椒　少許
沙拉油　適量

1. 把韭菜切成5cm長。另外把西洋芹、紅蘿蔔、青椒、薑、豬肉也切成5cm長的細條。將豆芽菜的鬚根拔除。冬粉用熱水燙3分鐘之後用篩網瀝乾，切成5cm長。先把A混合好之後備用。
2. 把沙拉油1/2大匙倒進鍋中加熱，用大火炒豬肉。
3. 在一樣的鍋中再次加入1/2大匙的沙拉油，用大火炒蔬菜跟冬粉。加入A，快速拌炒讓整體都均勻地沾到調味料之後就可以關火了。

# 炸春捲

豬肉和冬粉、韭菜等
多種類的材料
一點一點地被包進去，
是豪華的炸春捲。

**材料／2人份**

春捲皮　6片
豬肉薄片　80g
韭菜　1/4把
紅蘿蔔　1/5根（30g）
乾香菇　2片
冬粉（乾燥）　15g
A｜醬油　1/3大匙
｜太白粉　1小匙
｜蠔油・酒・砂糖
｜　各1/3大匙
｜鹽　1/5小匙

沙拉油　2/3大匙
麵粉水｜麵粉　1/2大匙
　　　｜水　2小匙
油炸用油　適量
荷蘭芹（如果有的話）　適量

**1**　豬肉切成3cm長的細條狀。韭菜切成3cm長。紅蘿蔔切成3cm長的細條。香菇用水泡發之後切除蒂頭，也切成3cm長的細條。冬粉用熱水燙2分鐘後用篩網瀝乾水分，切成3cm長。事先把A混合好。

**2**　把沙拉油倒進平底鍋中用中火加熱，炒豬肉、韭菜、紅蘿蔔、香菇、以及冬粉，再加入A攪拌。從鍋內取出來放涼。

讓春捲料充分地入味是美味的祕訣

**3**　把春捲皮擺成菱形的樣子，把**2**的1/6量平鋪在春捲皮上（a）。按照身體前方、左右的順序把皮折起來之後再包捲（b）。在皮的邊緣塗上麵粉水當作黏著劑，包住春捲。剩下的也是一樣作法。

不要讓空氣跑進去，緊密地包裹春捲，最後再用麵粉水黏起來

**4**　加熱油炸用油到170℃，放入**3**，炸到呈現淡淡焦黃色為止。裝盤，用荷蘭芹裝飾一旁。

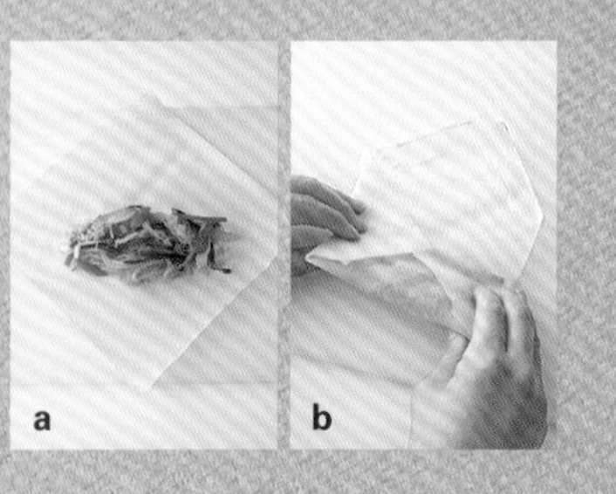

a　b

## 青椒牛肉絲

切成細條狀的料
跟濃稠的醬汁
結合在一起，
變得更加美味。

**材料／2人份**

牛腿肉薄片　100g
青椒　3個
紅椒　1個
竹筍（水煮）　50g
蔥　5cm
A｜醬油・酒・太白粉　各1/2小匙
B｜酒・醬油　各1/2大匙
　蠔油　1/3大匙
　砂糖・太白粉　各1小匙
　鹽　1/5小匙
　水　2大匙
沙拉油　1大匙

1. 把牛肉切成5cm長×7mm寬，用A的醃料揉捏入味。事先混合B備用。
2. 青椒、竹筍、洋蔥也切成5cm長×7mm寬。
3. 把沙拉油倒入平底鍋中用大火加熱，將牛肉炒到變色之後，加入**2**再炒2分鐘左右，之後再加入B一起充分拌炒。

## 八寶菜

利用8種主材料
所做成的八寶菜。
簡單的調味
也能完成極致美味。

**材料／2人份**

雞肉　60g
花枝的身體（事先處理過・參考P97）　50g
蝦仁　8尾
竹筍（水煮）　60g
紅蘿蔔　1/3根（50g）
青江菜　1株
生香菇（去除蒂頭）　2片
水煮鵪鶉蛋（市售）　6個
A｜鹽・胡椒・太白粉　各少許
B｜淡味醬油・薑汁　各1小匙
　鹽　1/3小匙
　胡椒　少許
　中式高湯　1杯
　太白粉　2/3大匙
沙拉油　適量

1. 把雞肉斜切成一口大小。花枝也切成較大的一口大小，在表面上劃格子狀的刀痕。剔除蝦子的腸泥。把雞肉、花枝、蝦子裹上A。
2. 將竹筍、紅蘿蔔、青江菜、生香菇切成較大的一口大小。事先混合好B。
3. 把1/2大匙的沙拉油倒入平底鍋中加熱，用中火將**1**炒2分鐘左右取出。
4. 把2/3大匙的沙拉油再次倒入一樣的平底鍋中用大火加熱，加入竹筍、紅蘿蔔、青江菜、香菇、鵪鶉蛋拌炒。等到全體都沾裹到油之後，將**3**放回鍋中，加入B混合製造稠度。

# 中式粽子

用竹葉包起來蒸的正統派粽子，滋味濃厚的料與Q彈的糯米十分搭配。

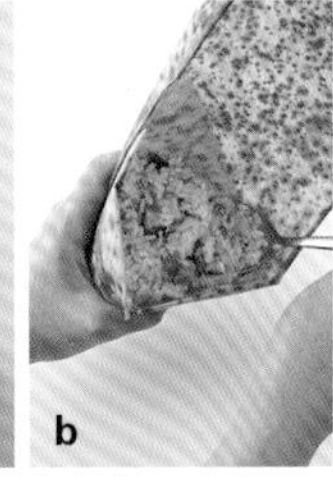

**材料／6個的量**

糯米　2杯
炒豬肉　100g
乾香菇　2片
蝦米　8g
腰果　15g
薑（切細末）　1小片
蔥（切細末）　5cm
A ｜醬油　1又1/2大匙
　｜酒　1大匙
　｜芝麻油　1小匙
　｜砂糖　1/2小匙
中式高湯　1又1/2杯
沙拉油　1/2大匙
竹葉　6片

1. 把糯米洗淨泡水2～3小時，用篩網瀝乾水分。事先把A混合好備用。
2. 把炒豬肉切成1cm見方，乾香菇以及蝦米用水泡發後，切掉香菇的蒂頭，香菇和蝦米都切成1cm見方，腰果也切成1cm的見方。
3. 把沙拉油倒入平底鍋中用大火加熱，將**2**、薑、蔥炒熟，加入A再轉中火，拌炒4～5分鐘。
4. 把中式高湯加入糯米中，用中火熬煮5分鐘直到湯汁收乾。從爐火上移下，稍微放涼。
5. 將竹葉泡水之後把水氣擦乾，分別從一端折三角形（a），再折兩次三角形後把**4**的1/6量放進去（b），之後都折三角形，直到最後再把尾端的竹葉折進去收口。剩下的也是一樣的作法。
6. 準備蒸籠或蒸鍋，等到蒸氣冒出來之後，就把**5**排放進去用大火蒸25分鐘。

把竹葉折三角形，在做出的袋口中放入粽子飯包起來。

## 擔擔涼麵

浸在濃厚芝麻風味的湯汁中，上面有著肉味噌的人氣麵食。

**材料／2人份**

中式麵條　2球
豬絞肉　60g
醬油・砂糖　各1/2小匙
A｜芝麻醬　3大匙
　｜醬油・味噌・醋　各1大匙
　｜豆瓣醬　1小匙
　｜大蒜・薑・蔥（切細末）　各2小匙
　｜中式高湯　3/4杯
沙拉油　1/2大匙
蔥（切絲）　適量
香菜　適量

1. 將A均勻攪拌混合之後當成湯汁裝在器皿中。
2. 把沙拉油倒入平底鍋加熱，拌炒絞肉，再加上醬油、砂糖調味。
3. 用鍋子把水煮沸，將中式麵條照包裝上所標示的時間煮熟再浸泡冷水。接著把水瀝乾，放到裝**1**的器皿中央。把**2**擺放上去，添加香菜、蔥做裝飾。

## 廣東炒麵

在煎到酥香的中式麵條上，淋上配料豐富的芡汁。

**材料／2人份**

中式麵條　2球
豬肉薄片　60g
蝦仁　6尾
花枝的身體（事先處理過・參考P97）　40g
乾香菇　2片
紅蘿蔔　30g
白菜葉　1片
豌豆莢　10片
酒・鹽　各少許
A｜醬油・砂糖・蠔油　各1/2大匙
　｜中式高湯　2杯
　｜太白粉　2大匙
沙拉油　適量
醋　2大匙

1. 將豬肉切成一口大小。剔除蝦子腸泥。花枝切成一口大小，再劃上格子狀的刀痕。在豬肉、蝦子、花枝上撒上酒、鹽巴。乾香菇用水泡發後除掉蒂頭切一半。紅蘿蔔、白菜切斜片。豌豆莢切一半。事先將A拌勻備用。
2. 中式麵條用熱水燙20秒後用篩網瀝乾。將1大匙沙拉油倒入平底鍋用大火加熱，把中式麵條炒到焦黃酥脆之後取出來裝盤。
3. 同一個平底鍋中再加入1大匙的沙拉油加熱，用大火快炒**1**，加入A炒出稠度之後淋到**2**上。再以畫圓方式淋上醋。

## 炒米粉

**材料／2人份**

米粉（乾）　80g
豬五花肉片　60g
蝦米　10g
紅蘿蔔　1/4根（40g）
洋蔥　1/2個
竹筍（水煮）　30g
韭菜　1/4把
酒・醬油　各少許
A｜醬油・油　各2/3大匙
　｜鹽　1/4小匙
　｜中式高湯　1杯
　｜胡椒　少許
沙拉油　1大匙
白芝麻粒　適量

1. 將米粉按照包裝袋上標示的時間泡發，用篩網瀝乾水分後切成容易入口的大小。
2. 將蝦米泡發，切成細末。豬肉切成5cm長的細條狀，再用酒、醬油醃漬。紅蘿蔔、洋蔥、竹筍也切成5cm長的細條狀。韭菜切成5cm長。事先把A混合好備用。
3. 把沙拉油倒進平底鍋中加熱，拌炒蝦米、豬肉、紅蘿蔔、洋蔥、竹筍、韭菜直到熟透。再加入米粉混合，接著把A倒進去，讓米粉吸收湯汁，拌炒到湯汁收乾為止。裝盤後再撒上白芝麻粒。

## 家常豆腐

**材料／2人份**

木棉豆腐　1塊
豬肉薄片　70g
乾香菇　2片
青椒・紅椒　各1個
蔥・薑・大蒜（切細末）
　各1小匙
A｜甜麵醬　1又1/2小匙
　｜豆瓣醬・醬油
　｜　各1小匙
　｜砂糖　1小匙
　｜中式高湯　80ml
　｜太白粉　2小匙
沙拉油　適量

1. 把豆腐放在篩網上放置10分鐘瀝乾水分，切成1.5cm厚、4cm的四方形。
2. 豬肉切成一口大小，乾香菇用水泡發之後斜切成一口大小。青椒也切成一口大小。事先拌勻A備用。
3. 把1大匙沙拉油倒入平底鍋中用中火加熱，把豆腐煎到兩面呈現焦黃色澤，從鍋中取出。
4. 接著在一樣的平底鍋中再加入2/3大匙的沙拉油加熱，拌炒蔥、薑、蒜後再把豬肉加進去。炒到變色之後加入香菇、青椒一起拌炒。接著把**3**的豆腐再次放回鍋中，加入A仔細混合就完成了。

**材料／2人份**

溫熱的米飯　2碗
豬五花肉薄片　60g
乾香菇　2片
蔥　1/2根
蛋　2個
豌豆仁（冷凍）　20g
鹽　適量
A｜醬油　1小匙
　｜酒　2/3小匙
　｜鹽　1/3小匙
　｜胡椒　少許
沙拉油　適量

1. 把豬肉切成2cm的四方形，撒上少許鹽巴。乾香菇用水泡發切掉蒂頭，切成1cm見方。蔥也切成1cm見方。把蛋打散加入一點鹽巴混合。將豌豆仁放在篩網上淋上一圈熱水。
2. 把1小匙沙拉油倒進平底鍋中加熱，一邊倒入蛋液，一邊用長筷子攪動製作炒蛋，做好之後先取出。
3. 再倒入1小匙沙拉油用大火加熱，拌炒豬肉、香菇。等到豬肉變色後加入一半的A繼續拌炒再取出。
4. 在平底鍋中加入1大匙沙拉油用大火加熱，把飯跟蔥倒進鍋中，一邊撥散飯粒一邊加入剩下的A，用中火炒3～4分鐘。再把**3**加進鍋中充分混合，加入炒蛋、豌豆仁攪拌。

**材料／2人份**

雞胸肉　50g
乾香菇　1片
絹豆腐　1/4塊
紅蘿蔔　1/4根（30g）
韭菜　4根
薑　1小片
蛋　2個
中式高湯　2杯
A｜醬油・酒・蠔油
　｜各2/3大匙
太白粉水｜太白粉
　　　　｜1/2大匙
　　　　｜水　3大匙
醋　1大匙
辣油　1/2大匙

1. 雞肉切成4cm長的細條。乾香菇用水泡發之後去掉蒂頭切成4cm長的細條。豆腐、紅蘿蔔、韭菜也切成4cm長的細條。薑則切成4cm長的細絲。
2. 在鍋中把中式高湯煮沸後，加入雞肉、香菇、紅蘿蔔、韭菜、薑煮3分鐘，加入A攪拌。
3. 煮滾後，把蛋打散以繞圈方式細細地倒入鍋中。再以畫圈方式倒入太白粉水製造濃稠感，加入豆腐。關火後添加醋和辣油。

# 紅燒獅子頭

碩大的肉丸子
看起來像獅子的頭一樣。
是一道分量感豐富的
中式燉煮料理。

**材料／4人份**

豬絞肉　300g
蓮藕　50g
蔥・薑（切細末）
　各1又1/3大匙
水煮鵪鶉蛋（罐頭）　4個
蔥蔥　50g
白菜葉　4片
紅蘿蔔　1/2根（50g）
冬粉　30g
A｜醬油　1又1/3大匙
　太白粉　2大匙
　蛋　1個
　砂糖　2小匙
　鹽・胡椒　各少許
B｜中式高湯　4杯
　醬油・酒　各2大匙
　鹽　1/4小匙
　芝麻油・砂糖　各1小匙
　胡椒　少許
沙拉油　適量

1. 蓮藕去皮之後切細末。在大碗中放入絞肉、蓮藕、蔥、薑、A，充分揉捏。分成4等分捏成直徑10cm × 厚2cm的圓形，把鵪鶉蛋塞進中間。
2. 把沙拉油1又1/2大匙倒進平底鍋用中火加熱，放**1**進鍋中煎5分鐘左右，煎出兩面的焦色。
3. 慈蔥、白菜切成5cm長。紅蘿蔔則切成3mm厚的輪片狀，用模型壓出形狀。冬粉用水泡開之後切成5～6cm備用。
4. 把B放進鍋子中煮滾，加入**2**、**3**燉煮15分鐘左右。

完成後可以盛裝在器皿中，也可以直接端鍋子上桌。

# 什錦鍋巴

在剛炸好的熱呼呼鍋巴上，淋上大量的濃稠芡汁。

材料／4人份

鍋巴（市售）　8片
蝦子　8尾
花枝的身體
（事先處理過的，參考P97）　80g
鱈魚（切片）　2片
生香菇　2個
竹筍（水煮）　50g
青江菜　1株
紅蘿蔔　1/3根（50g）

A
醬油・蠔油・砂糖　各1大匙
醋　1又1/2大匙
XO醬・芝麻油　各2小匙
鹽　1/2小匙
白胡椒　少許
中式高湯　3又1/2杯
太白粉　3大匙

沙拉油　1大匙
油炸用油　適量

1. 蝦子只留下尾巴部分把其他殼剝掉，剔除腸泥。花枝切成一口大小，在上面劃出斜格子狀的切痕。鱈魚、竹筍、青江菜切成一口大小。把生香菇的蒂頭去除切斜片。紅蘿蔔則切成薄薄的輪片狀。
2. 將沙拉油倒入平底鍋中用大火加熱，拌炒香菇、竹筍、青江菜、紅蘿蔔。再加入蝦子、花枝、鱈魚炒熟，倒進A，煮滾後關火。
3. 加熱油炸用油到180℃，用筷子夾取鍋巴放進油中。因為鍋巴只要炸10秒就會膨脹成宛如「米香」一樣，所以一翻面就立刻取出裝盤。
4. 把**2**煮滾之後，淋到**3**上面。

因為這時候會出現嘶～嘶～的聲音，客人都會很開心。

**材料／4人份**

糯米　1杯
豬絞肉　250g
蔥（切細末）　1大匙
薑（切細末）　2小匙
A｜蛋　1/2個
　｜醬油　1小匙
　｜酒　1大匙
　｜太白粉・水　各2大匙
　｜鹽・胡椒　各少許
食用紅色素　少許

1　在大碗中放入豬絞肉、蔥、薑，加入A，仔細搓揉攪拌直到產生黏性。先分成12等分搓成圓形。
2　把糯米洗淨後浸泡3小時。加入食用紅色素把糯米染成粉紅色，瀝乾水分。
3　把**2**在淺盤中鋪平，一邊滾動**1**，一邊把糯米沾裹上去。
4　把**3**排在耐熱盤器皿中，用開大火的蒸籠蒸20分鐘。

好像要把肉丸子遮起來一樣，仔細地將全體沾裹上糯米。

# 珍珠丸

將肉丸子包裹糯米蒸煮的一品。在慶祝的日子也很適合。

中華料理

## 豆豉排骨

從骨頭中滲出大量美好滋味，令人餘韻猶存的風味。用蒸的就能完成十分簡單。

**材料／4人份**

小排骨（請店家幫忙切成3cm長）　400g

鹽・胡椒　各少許

A｜豆豉　1大匙
　｜醬油・酒　各2大匙
　｜砂糖　1又1/2大匙
　｜太白粉　1大匙
　｜大蒜（切細末）　2小匙
　｜紅辣椒（切細末）　1/2根

生菜　適量

將蒸熟的黑豆加鹽發酵的東西

1. 將小排骨撒上鹽巴和胡椒。
2. 均勻混合A的調味料，把**1**放進去確實揉捏，醃漬1小時。
3. 把**2**連同調味料一起裝進耐熱器皿中，等到蒸鍋冒出蒸氣後放進去用大火蒸20分鐘。取另外的盤子把生菜鋪上去，將小排骨裝盤。

排在盤子中，包上保鮮膜用600瓦微波，偶爾翻動加熱7～8分鐘也可以

## 廣式叉燒

芳香又柔軟的肉是手工製作特有的風味，當做中式年菜也不錯。

**材料／4人份**

豬肩胛里肌肉塊　600g

A｜醬油・砂糖　各4大匙
　｜紹興酒・紅味噌　各2大匙
　｜鹽　1/2小匙
　｜蛋液　1個蛋的量

香菜（如果有的話）　適量

1. 均勻混合A的調味料，把豬肉放進去確實揉捏，醃漬1小時。
2. 在烤盤中鋪上烤盤紙，在烤箱中架上烤網，把**1**放上去。用預熱到200℃的烤箱烤40分鐘。
3. 稍微放涼後切成薄片。裝盤後，擺上香菜。

# 關於教室

從東京銀座區的老牌百貨公司與精品店林立的「中央通」，往歌舞伎座的方向經過3條巷子之後，「田中伶子的料理學校」就位於大樓中的2樓。

教室中讓人不禁回想起當年家政課，附爐子的調理台總共有5個。在這裡由學生數人一組進行料理的實際操作。學生常說出：「從基礎開始扎實快樂地學，所以烹飪技術進步得很快」這樣子的感想。

食材幾乎都是從附近的築地市場採購來的。因為除了可以品嘗到全國各地聚集而來的新鮮食材之外，也希望大家可以用視覺、觸覺、甚至嗅覺來感受當季食材的美好之處。

在這裡有學習家庭料理的課程，也有目標成為飲食專家的課程，每一種課程結束之後可以考取多樣的證照。希望大家有空都可以過來看看。

1

2

3

4

5

6

1・2　日本料理與西洋料理的菜單範例。通常包含甜點總共4道菜。
3　講課的情況。在正中間的調理台上由講師先示範過後，再由大家自己實際操作。
4　講師在授課之前會先準備好材料。
5　在這本書的攝影過程中提供協助的畢業生們，也是料理研究家的各位。
6　作者的女兒中村奈津子的紐約風料理課程正在開課中。

田中伶子料理學校　http://www.tanakacook.com/
〒104-0061 東京都中央區銀座2-11-18 銀座小林大廈2樓
TEL03-5565-5370　FAX03-5565-5375　週一～六 12:00～21:00

# 結語

這一次介紹的食譜，是我長年身為料理家的生涯中所精挑細選出的優秀食譜。有些菜色即使在課堂上教授，味道卻因人而異的話，學生是不會眼睛一亮的。並且，無論再怎麼豪華的菜色，如果很費工的話，學生的反應也會很薄弱。而我從珍藏的1000道以上的食譜中所選出的這150道菜，都是可以抬頭挺胸推薦給大家的自信之作。

作為經營料理教室50年來的集大成，可以出版這本書我真的感到非常幸福。雖然對於可以持續經營半個世紀這件事，連自己都感到驚訝，但這也是因為得到許多學生、工作人員以及我女兒中村奈津子的幫忙。這一次的拍攝也是得到了許多畢業於料理學校，現在以料理研究家身分活躍中的人士的協助，這讓我感觸很深。在拍攝完畢之後，跟攝影師、造型師圍著桌子一起享用料理，也是很開心的回憶。對於料理研究家來說，聽到「好好吃！」、「回家也來試做看看」這樣的讚美，會讓心裡很澎湃呢。

若可以讓購買本書的讀者每天的餐桌時光變得更加開心，覺得我的食譜很美味，在往後的日子都願意持續製作下去的話，這是比什麼都要開心的事。非常感謝大家。

田中伶子

日文版工作人員

版面構成・採訪　西前圭子
攝影　公文美和
造型　澤入美佳
藝術指導　藤崎良嗣 pond inc.
書本設計　境 樹子 pond inc.
校閱　滄流社
DTP　東京 COLOR PHOTO PROSESS 股份有限公司

企劃協力　中村奈津子（田中伶子料理學校校長）
調理助理　杉本涼子　須部規子　戶崎小百合
戶嶋幸江　廣瀨弘子　三浦友美子

＊ 器皿協力

Cherryterrace股份有限公司 http：//www.cherryterrace.co.jp/
搜羅了機能性佳與設計感的廚房用品&桌上擺飾，豐富種類與充滿魅力的商品是其受歡迎的原因。除了東京・代官山的直營店，日本橋三越本店、伊勢丹新速店也有展示空間。線上商店也有充實的商品。
<代官山店>
〒150-0033 東京都涉谷區 猿樂町29-9 HILL SIDE TERRACE D棟1F
TEL03-3770-8728 FAX03-3770-5268
營業時間11:00～19:00／星期一公休

＊ 攝影協力

味之素股份有限公司 http://park.ajinomoto.jp/
SB食品股份有限公司 http://www.sbfoods.co.jp/
貝印股份有限公司 http://kai-group.com
龜甲萬股份有限公司 http://www.kikkoman.co.jp/
Clean up股份有限公司 http://cleanup.jp/
Kureha股份有限公司 http://kurelife.jp
讚陽食品工業股份有限公司 http://so-food.com
東京瓦斯股份有限公司 http://www.tg-cooking.jp/
Mizkan股份有限公司 http://www.mizukan.co.jp/

田中伶子
たなか れいこ

料理研究家。銀座料理學院、田中伶子料理學校、食育料理教室有限公司代表人。全國料理學校協會理事。NPO食育講師協會理事。福岡女子大學畢業之後，於1964年（昭和39年）開設料理教室。傳授著重基本料理技法的家常菜之餘，對於培養專業人才也不遺餘力，多數的畢業生都活躍於餐飲業界。自己本身也參加過雜誌的撰文、電視演出、與食品相關的演講和商品企劃等等，活躍於多方領域中。在這50年間也師承了檜山タミ、村上信夫、辻靜雄、淺田峰子、服部幸應、陳啟明等多位名師，集結了多年的研究而誕生了這本薈萃菁華的食譜。
http://www.tanakacook.com/

# 我家也是小餐館

## 中・西・日式經典家常菜150道

2014年11月1日初版第一刷發行

作　者　田中伶子
譯　者　李芝儀
編　輯　林宜柔
發行人　齋木祥行
發行所　台灣東販股份有限公司
<地址>台北市南京東路4段130號2F-1
<電話>(02)2577-8878
<傳真>(02)2577-8896
<網址>http://www.tohan.com.tw
郵撥帳號　1405049-4
新聞局登記字號　局版臺業字第4680號
法律顧問　蕭雄淋律師
總經銷　聯合發行股份有限公司
<電話>(02)2917-8022
香港總代理　萬里機構出版有限公司
<電話>2564-7511
<傳真>2565-5539

Printed in Taiwan

國家圖書館出版品預行編目資料

我家也是小餐館！：中．西．日式經典家常菜150道／田中伶子著；李芝儀譯．-- 初版．
-- 臺北市：臺灣東販，2014.10
面；　公分
ISBN 978-986-331-518-6(平裝)

1. 食譜

427.1　　103017524